RECHERCHES ANALYTIQUES

SUR LA COMPOSITION

DES TERRES VÉGÉTALES.

Lyon. — Imprimerie de BARRET, rue Pizay, 11, ou rue Lafont, 8.

RECHERCHES ANALYTIQUES

SUR LA COMPOSITION

DES

TERRES VÉGÉTALES

DES DÉPARTEMENTS

DU RHONE ET DE L'AIN,

PAR

M. SAUVANAU,

CORRESPONDANT DE LA SOCIÉTÉ ROYALE D'AGRICULTURE, SCIENCES ET ARTS UTILES
DE LYON.

MÉMOIRE COURONNÉ.

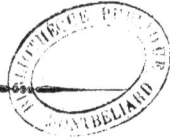

LYON,

CH. SAVY JEUNE, LIBRAIRE-ÉDITEUR,

Place Louis-le-Grand, 14.

1845.

RAPPORT

FAIT A LA SOCIÉTÉ ROYALE D'AGRICULTURE, SCIENCES ET ARTS UTILES
DE LYON,

Sur un Mémoire ayant pour titre :

RECHERCHES ANALYTIQUES

SUR

LA COMPOSITION DES TERRES VÉGÉTALES.

Commissaires : MM. TIXIER, SAUZEY, JACQUEMET, BINEAU.

Rapporteur , M. FOURNET.

La Société d'agriculture de Lyon a mis au concours la question suivante : *Établir par des recherches analytiques la composition d'un certain nombre de terres végétales et indiquer leur degré de fertilité relative.* On conçoit que les rapprochements de ce genre ont d'autant plus d'importance, que jusqu'à présent on ne s'était guère attaché à les faire d'une manière générale ; aussi les notions acquises sont surtout relatives à des cultures particulières, comme, par exemple, celle du safran, plante à l'égard de laquelle M. Berthier a reconnu l'efficacité d'un sol calcaire, pour augmenter l'intensité ou la richesse de la matière colorante. Mais la Société, considérant les faits d'un point de vue plus élevé, a, par l'énoncé même de sa proposition, évidemment entendu que les Mémoires qui lui seraient soumis devaient comprendre les analyses des terrains de toutes natures, de ceux qui fournissent les blés, les pommes de terre, les fourrages, etc., et non se borner à rapporter celles de certains sols plus ou moins exceptionnels qui sont l'apanage de quelques cantons privilégiés. Il s'agissait, en un mot, de vérifier, par de nombreuses données, les conclusions remarquables auxquelles le célèbre chimiste dont nous venons de prononcer le nom, a été conduit par ses analyses des terres végétales des environs de Nemours et de Melun. On sait qu'il a fait ressortir l'influence prépondérante de l'état physique de leurs éléments consti-

'tuants sur celle de leur composition chimique, et ce principe demandait aussi à être généralisé, à cause de l'influence qu'il peut exercer dans l'agriculture.

Les recherches dirigées vers ce but ont d'ailleurs un haut degré d'actualité, car dans ce moment l'agronomie offre de nombreux préjugés, ou du moins des idées que l'on peut qualifier de ce nom et qui jettent la division parmi les hommes les plus éclairés. Il en résulte naturellement que le praticien prend souvent une fausse direction, que ses travaux les plus pénibles et les plus dispendieux sont sans portée utile, ou pourraient du moins présenter des conséquences plus avantageuses ; tandis que l'agriculture ne doit pas plus que les autres industries établir ses procédés sur des aperçus vagues et hasardés, mais bien sur des données positives, qui sont en grande partie du ressort de la chimie.

Quelques exemples des incertitudes qui pèsent d'une manière si fâcheuse sur l'un des objets principaux de vos études ne seront pas superflus ; ils serviront même à faire apprécier d'une manière plus claire vos vues et vos intentions ; nous allons donc entrer à cet égard dans divers détails, et voyons d'abord ce qui a été dit relativement à l'influence de la constitution chimique de tel ou tel sol sur la végétation.

Certains agronomes déclarent que la magnésie est stérilisante au plus haut degré, et ils ont pu citer, à l'appui de cette propriété, les buttes nues et arides de Baldissero et de Castellamonte, si connues des minéralogistes. Cependant il n'était pas difficile de trouver dans les Alpes piémontaises elles-mêmes, de magnifiques forêts qui poussent avec tout leur cortége de végétaux herbacés sur les serpentines, roches essentiellement magnésiennes. Le Tyrol offrirait de même à l'observateur les cultures du maïs, de la pomme de terre, de la vigne et du blé, établies indifféremment et pourtant avec succès sur les grès ferrugineux, sur les porphyres quarzifères, sur les calcaires, sur les alluvions et sur la dolomie ; cette dernière roche est cependant aussi très-magnésienne. On le voit donc déjà, il y a une lacune dans les données relatives à l'influence de la base alcalino-terreuse sus-mentionnée, et la question est loin d'avoir été étudiée dans son ensemble. D'autres pourraient proclamer de même les effets avantageux des terrains calcaires de la Lorraine pour la végétation du chêne ; mais en faisant quelques lieues de plus, ils verraient ces mêmes chênes acquérir à latitude et à altitude égales le plus majestueux développement dans les forêts des Basses-Vosges, dont le sol, composé de grès siliceux, ne contient peut-être pas un atome de chaux. Ces faits, qui tendent à faire regarder le sol comme un simple support, dont l'action propre se réduit à très-peu de chose, amènent naturellement à concevoir quelques doutes sur l'efficacité de sa composition chimique spéciale, et l'on se trouve conduit à remonter à d'autres causes pour découvrir son influence sur la végétation.

La nécessité des alternances dans l'agriculture nous offrira un exemple beaucoup plus complexe de ces théories hasardées; on l'invoque en disant qu'une terre dans laquelle le blé a été cultivé pendant plusieurs années consécutives, se trouve dénaturée au point qu'il faut lui substituer une végétation différente. Les pépinières d'arbres ne se replantent de même qu'après un intervalle de quelques années, qui a été consacré à la culture des céréales, des plantes potagères, des luzernes, etc., etc. La même circonstance aurait lieu, dit-on, pour les forêts, dont les essences se changent d'elles-mêmes et à la longue, de manière que l'on voit les conifères s'implanter et vivre dans un terrain qui était devenu stérile pour l'ancienne culture.

A cela on peut répondre d'abord que ces faits ne sont pas aussi absolus qu'ils le semblent au premier énoncé. Dans certains pays, on sème perpétuellement du blé dans les mêmes champs, et rien ne prouve qu'ils en produisent actuellement une moindre quantité qu'autrefois. Quant aux forêts, qui pourrait dire par quelles phases elles ont passé durant leur existence séculaire! Qui sait jusqu'à quel point leur exploitation n'a pas détruit les premiers germes, et par conséquent donné lieu à la substitution de végétaux plus vivaces, ou dont les graines se trouvaient plus à portée ou plus à même de prospérer!

Quoi qu'il en soit, admettons l'action du végétal sur le sol, mais précisons plus nettement la nature de l'assertion en faisant ressortir les diverses idées qui peuvent être mises en avant pour l'expliquer.

L'acte de la végétation a-t-il stérilisé un terrain, pour une plante donnée, en le modifiant dans sa constitution minérale par la soustraction de l'un ou de l'autre de ses éléments terreux? Ou bien, par ce même acte, le sol n'a-t-il pas été saturé de principes particuliers qui l'ont infecté de telle sorte que la plante dont ils sont émanés y périt, de même qu'un animal quelconque périrait s'il était maintenu au milieu des produits de ses excrétions de tous genres? En d'autres termes, dans l'un des cas, la puissance végétative aurait déplacé simplement un principe minéral qui lui est favorable ; dans l'autre, elle aurait imprégné le terrain de quelques principes organiques. Au premier aspect ces hypothèses paraissent également admissibles pour expliquer la nécessité des alternances ; mais discutons leur portée.

Les expériences de M. Théodore de Saussure ont démontré que les racines des plantes jouissent de la propriété d'absorber les sels qui leur sont amenés à l'état de dissolution. Ainsi, les cendres des pins dont la végétation s'est effectuée dans le granit, sont bien différentes de celles des mêmes arbres qui ont cru dans un terrain calcaire. Ces arbres ont donc soustrait des matières salino-terreuses à chacun des sols, circonstance qui a dû les dénaturer. Cependant, s'il est bien établi d'autre part que ces mêmes arbres peuvent croître et prospérer dans des sols de nature essentiellement différente, il n'y aura évidemment aucune conclusion à tirer du fait de ce changement spécial de composition survenu au bout d'un temps plus ou moins long.

Il paraît donc qu'il faut accorder la préférence à l'idée de l'influence de la saturation du sol par les émanations du végétal ; mais ici encore se présentent de nouvelles circonstances qu'il importe de discuter. En effet, on est en droit de se demander si l'action vitale agit directement par ses produits, ou bien si elle ne réagirait pas sur la constitution minéralogique du sol, de manière à le rendre définitivement infertile pour une plante donnée.

Cette dernière manière de voir ne manque pas de quelque appui. Divers observateurs ont remarqué autour des racines de certaines plantes qui avaient poussé dans un terrain sablonneux blanchâtre, une accumulation d'oxide de fer assez forte, pour que cette partie enveloppante fût colorée d'une manière intense, et ils en ont conclu que ces racines avaient excrété des acides dont l'action chimique a déterminé la concentration ferrugineuse en question. On peut voir aussi, dans plusieurs parties des dépôts de lehm de nos environs, des incrustations calcaires auxquelles on peut attribuer une origine analogue. Mais pour expliquer ces faits, est-il nécessaire de recourir à l'hypothèse de ces excrétions acides qui ne sont pas encore bien démontrées?

En étudiant les phénomènes qui se passent dans une foule de terrains divers, on ne tarde pas à s'assurer que des concrétions se forment dans des points où l'influence de la végétation est certainement de toute nullité. C'est ainsi que le lehm et diverses marnes sont remplis de tubercules calcaréo-argileux; les molasses et plusieurs sables offrent de même leurs nodules ferrugineux ou calcaires, et, dans ces concentrations, il n'y a de modifié que la forme, qui est ici plus ou moins sphéroïdale, tandis que dans le cas où elles ont été déterminées par les racines, elle est allongée, filamenteuse et plus ou moins contournée. Il résulte donc, de la tendance à l'agglomération de l'oxide de fer et du calcaire, que les racines n'agissent pas d'une manière différente qu'un centre d'attraction quelconque, et cette circonstance suffit pour anéantir immédiatement le rôle que l'on a voulu attribuer sans autres preuves aux excrétions végétales. Ne perdons d'ailleurs pas de vue que les expériences de M. Th. de Saussure ont démontré que la racine possède un pouvoir déterminé d'exclure un excès des corps dissous dans le liquide qu'elle absorbe, à moins que ces corps ne soient de véritables poisons capables de l'altérer. On peut donc concevoir qu'il doit s'opérer autour d'elle, et en vertu de cette seule circonstance, une accumulation de ces corps primitivement dissous, sans qu'il soit indispensable de faire intervenir des réactions obscures ou incertaines.

Pour mieux faire concevoir la puissance d'un végétal sous ce rapport, il suffira de l'assimiler pour un moment à un paquet de fibres capillaires, plongeant par le bas dans un bain convenable, tandis que sa partie supérieure, s'épanouissant dans l'air, en subit l'influence évaporante. De là, une aspiration continuelle dont il résultera un appel qui, amenant de proche en proche toutes les matières solubles contenues dans le bain, en amoncellera une partie autour de l'extrémité inférieure de la plante, par suite de la faculté qu'elle a d'interdire le passage à tout excès nuisible. Si donc l'aspiration est forte, ou bien si elle se prolonge pendant un grand nombre d'années, comme cela a lieu pour le chêne, et si enfin le sol contient beaucoup de sels calcaires solubles, il pourra se former des croûtes épaisses, de véritables masses pierreuses dont on trouvera au besoin des exemples dans ces concrétions si volumineuses et si bizarrement perforées, dans ces souches incrustées qui sont demeurées implantées dans le sol de quelques plateaux jurassiques des environs de Nancy, après la destruction des forêts, dont elles sont les derniers vestiges. Ici l'on conçoit bien que le développement de ces énormes pétrifications ait pu contribuer à stériliser le sol par la solidification de ses parties meubles et incohérentes, mais ces sortes de produits ne se rencontrent pas indifféremment dans tous les terrains. Il faut que ceux-ci soient doués d'une composition toute spéciale pour se prêter à leur développement; ils doivent contenir une assez forte proportion de diverses bases, telles que la chaux et l'oxide de fer, capables de se prêter facilement à la dissolution, puis à la précipitation. Enfin il est nécessaire que le même végétal soit maintenu pendant des années sur un même point, afin d'y accumuler le produit de ses triages, autrement ces phénomènes n'auront pas lieu; c'est ce qui arriverait, par exemple, pour un champ qui ne porterait que des herbes à fibrilles grêles, dont le déplacement annuel aurait le pouvoir de déplacer en même temps les dépôts encore incohérents et d'ailleurs si exigus de la période précédente; ou bien pour celui qui, étant de nature essentiellement sableuse et siliceuse, ne se prêterait pas à des actions chimiques de ce genre.

Si donc on en venait à reconnaître, même pour ce dernier cas, la nécessité des alternances, alors il resterait la ressource de la théorie des excrétions de nature organique, qui joueraient le rôle de véritables poisons pour le végétal dont elles sont le produit, tandis qu'elles peuvent être favorables au développement d'un végétal différemment constitué. Celui-ci, modifiant les émanations de son prédécesseur, rétablirait les conditions de sa vitalité, et l'on dira que dans la nature la substitution végétale s'effectue d'elle-même, parce que les graines d'une plante finissent par trouver la place qui leur convient. Mais dans l'agriculture, où les stations sont forcées, l'homme doit substituer aux alternances spontanées, des alternances artificielles qui jouent le même rôle, à moins qu'il n'ait la facilité de recourir à des procédés de lavage, tels que les irrigations; car celles-ci, en opérant la dissolution des substances excrémentielles, au fur et à mesure de leur accumulation, permettront évidemment à la même espèce de plante d'exister indéfiniment dans le même lieu, et c'est ainsi que l'on s'expliquera, par exemple, la persistance séculaire des prairies dans une même vallée.

Mais cette théorie des excrétions n'est elle-même qu'à l'état naissant, et jusqu'à ce qu'elle soit démontrée, on devra s'en tenir à ce qu'il y a de plus simple. Fût-elle même démontrée, on devrait s'attacher à découvrir les faits qui dérivent plus immédiatement de la nature et de la manière d'être du support de la végétation, et se servir de ces notions préliminaires pour passer ensuite aux cas plus complexes.

C'est avec cette pensée capitale que votre question a été posée ; son but n'était pas d'entrer dans de longues discussions sur le rôle des engrais, des amendements, des stimulants ; il s'agissait simplement d'examiner la composition chimique, la texture, la densité de divers terrains ; il fallait en un mot les considérer de la même manière que l'on considère en géologie les roches qu'il s'agit de décrire. Tenant ensuite compte de leur production, il devenait facile d'en apprécier le rôle sous le point de vue agricole. Ce point de départ une fois bien arrêté, les autres questions plus complexes auront naturellement leur tour, et ce n'est qu'en procédant ainsi, pas à pas, que l'on pourra espérer de voir disparaître successivement ces incertitudes sur lesquelles nous avons cru devoir fixer l'attention dès le début, afin de laisser entrevoir la série des études que vous voulez soumettre aux agriculteurs doués de connaissances scientifiques, et par conséquent capables de faire progresser leur art.

Un seul concurrent a répondu à votre appel, et son Mémoire a pour épigraphe : *L'agriculture doit suivre les progrès du siècle.*

Nous n'entrerons pas ici dans le détail circonstancié des moyens dont il a fait usage pour reconnaître la qualité des terrains ; ils sont simples et suffisamment connus des chimistes, tandis que leur description n'apprendrait rien à l'agronome qui n'est pas familiarisé avec l'art des manipulations. Nous nous contenterons donc de dire qu'ils ont eu pour objet de constater uniquement la manière d'être, et la composition minérale de chaque terre, en faisant abstraction de la matière organique, de l'humus et des engrais, qui ne font pas partie intégrante du sol proprement dit. Le résultat des recherches de l'auteur a été de constater avec une exactitude suffisante, la teneur en carbonate de chaux, en oxide de fer, en alumine, en silice et en sable, d'environ cent trente échantillons différents pris dans les environs de Lyon, dans la Bresse et dans le Bugey.

L'auteur a ensuite mis, en regard de chacun des résultats obtenus précédemment, la hauteur absolue des lieux, la classe du terrain d'après les estimes cadastrales, ainsi qu'une description sommaire des champs où les échantillons ont été pris, et celle-ci comprend le genre de culture, la production, la profondeur du sol, son degré de consistance; enfin la formation géologique dont il dépend.

Sous ce dernier rapport, et d'après le point de vue spécial de l'auteur, on peut subdiviser les terres cultivables de nos environs de la manière suivante, savoir : diluvium et lehm; terres provenant de la décomposition des roches primordiales; marnes des étages jurassiques; produits du remaniement des terrains tertiaires; enfin, attérissements des rivières.

Quoique la composition de chacune de ces formations varie beaucoup, elle est néanmoins assujétie à quelques lois générales que nous allons exposer.

Le lehm contient une proportion notable de calcaire, substance qui est exclue du diluvium; le premier a une couleur jaunâtre, il est friable, doux au toucher, et renferme de vingt-cinq à cinquante pour cent de sable en partie siliceux. C'est cette forte proportion de sable qui lui donne sa consistance moyenne et le rend sujet à être déplacé avec le temps, en sorte qu'il tend continuellement à descendre des sommités pour encombrer les bas-fonds. Le diluvium a une couleur rouge et une forte compacité, propriété qu'il doit à son contenu en fer et en argile, et de plus à la pauvreté en sable, dont il ne contient pas au-delà de vingt-cinq pour cent; celui-ci est d'ailleurs siliceux et quelquefois assez gros. Ces deux sortes de terrains existent simultanément dans nos environs, mais le diluvium est infiniment plus développé et se montre jusque sur les plus hautes sommités du Jura; aussi tend-il presque constamment à se mélanger avec les autres, et dès lors il participe plus ou moins de leurs caractères, ou bien il perd ceux qui lui sont propres.

Les terres provenant de la décomposition des roches primordiales sont elles-mêmes rarement exemptes de ces mélanges, mais quand elles sont dans ce cas, elles se composent d'une argile plus ou moins pure, noyée dans une forte proportion de grains quarzeux, de fragments de feldspath, ou autres débris qui leur donnent une certaine rudesse et diminuent leur cohésion. Le carbonate de chaux y manque à peu près complètement.

Les marnes des dépôts jurassiques, étant composées d'éléments très-divisés, sont compactes et tenaces. Une matière organique leur donne une couleur brunâtre; elles contiennent d'ailleurs de quarante à soixante-et-dix pour cent de carbonate de chaux.

Enfin, les produits de remaniement des formations tertiaires, ainsi que les alluvions des rivières, sont essentiellement sablonneux ou caillouteux, et leur composition est d'ailleurs très-variable.

Le parallèle entre la position géologique et les résultats des analyses conduit l'auteur à signaler une circonstance très-remarquable. En effet, *ce n'est pas toujours sur les plateaux calcaires que le carbonate de chaux se montre en plus grande quantité dans les terres*, comme on serait tenté de le croire au premier aperçu. Ce sel manque même à peu près partout sur les sommités du Mont-d'Or lyonnais, et l'on concevra facilement qu'elle somme énorme d'erreurs un pareil fait a pu occasionner, puisque la végétation, que l'on a supposée implantée sur un sol essentiellement calcaire, se trouve par le fait établie dans des terrains de tout autre nature. En suivant d'ailleurs cette donnée dans tout le cours de ses recherches, l'auteur en déduit cette conclusion de la plus haute importance, savoir : que le carbonate de chaux n'est nullement un élément nécessaire à la constitution d'une bonne terre végétale, et il cite à l'appui une série de terres végétales de première classe, qui sont totalement privées de ce corps, tandis que d'autres qui en contiennent plus de cinquante pour cent, sont éminemment infécondes. Il n'est donc plus permis de continuer à lui attribuer les propriétés merveilleuses dont on l'avait si gratuitement doué, et c'est là comme vous le voyez un grand préjugé qui se trouve effacé des préceptes de l'agronomie.

Mais quelles sont donc les conditions essentielles auxquelles une terre doit satisfaire pour être réputée de bonne qualité? Ces conditions, les voici :

Un sol ne doit pas être imperméable, autrement il s'oppose à l'introduction des gaz et de l'eau, qui sont les principaux éléments de la végétation; il ne doit pas non plus être trop léger, car il se prêterait trop facilement au passage de ces mêmes éléments, qui ne doivent arriver qu'au fur et à mesure que la plante les réclame. Ce n'est donc pas dans la nature chimique des matériaux constitutifs des terres, mais bien dans leur état de division que résident essentiellement leurs qualités, dont l'auteur distingue d'après cela trois classes : la première comprend celles dont la consistance est forte, et qui contiennent vingt-cinq pour cent de sable. La consistance moyenne qui vient après, est déterminée par une proportion de de vingt-cinq à cinquante pour cent de sable; c'est celle qui constitue la *terre franche* ou *normale;* enfin il y a la consistance légère, qui résulte d'une dose de cinquante à cent de matières pierreuses ou sablonneuses.

La qualité d'un terrain dépend encore du sous-sol, et il résulte de l'influence de celui-ci, que souvent l'on attribue à la couche végétale des défauts ou des qualités qui ne lui sont pas inhérentes. La configuration des lieux joue d'ailleurs un rôle analogue, car l'une et l'autre de ces dernières circonstances contribuent, soit à faire écouler trop facilement les eaux d'imbibition, soit à les conserver hors de propos, en sorte qu'avec des compositions chimiques identiques, on peut avoir tantôt des terrains arides, tantôt des terrains goutteux qui sont également impropres à la végétation.

La qualité du sol varie encore en raison de l'épaisseur même de la terre, et sous ce rapport, l'auteur en définit les masses de la manière suivante : le sol rare est celui dont l'épaisseur ne dépasse pas 25 centimètres; le sol moyen atteint de 25 à 60 centimètres; enfin le sol profond commence à 60 centimètres et s'étend jusqu'à plusieurs mètres.

D'ailleurs, l'exposition, l'altitude, la facilité de l'arrosage, sont encore autant de conditions dont le rôle est d'une haute importance, et, comme nous l'avons déjà dit, toutes ces données se trouvent résumées dans des tableaux qui permettront facilement de faire des applications. Elles confirment de la manière la plus nette les conclusions déjà présentées par M. Berthier, coïncidence dont la valeur n'échappera à personne d'entre vous. Elles ont encore l'avantage de fournir des bases beaucoup plus étendues, et de se prêter par conséquent, d'une manière plus efficace, aux besoins de la science agronomique.

Tel est l'exposé des nombreuses et patientes investigations dont les résultats sont consignés dans le Mémoire qui vous a été présenté; la Commission désire que cet aperçu succinct vous ait fait partager les convictions qui l'animent, et qu'il vous soit démontré que le travail dont elle a fait l'analyse, mérite pleinement votre approbation. Si elle a atteint son but, vous n'hésiterez pas, Messieurs, à décerner à son auteur la médaille d'or qu'il a méritée, et à voter en outre l'insertion du fruit de ses recherches dans vos Annales. Espérons que ces honorables distinctions le détermineront à persévérer dans la voie où il est si franchement entré, et qu'il vous transmettra bientôt les autres expériences qu'il annonce avoir entreprises pour discuter l'utilité du marnage des terres, car cette question se lie d'une manière intime avec les précédentes, et elle en forme le complément le plus naturel.

Lyon, le 1er août 1845.

RECHERCHES

ANALYTIQUES

SUR LA COMPOSITION DES TERRES VÉGÉTALES

DES DÉPARTEMENTS DU RHONE ET DE L'AIN.

L'agriculture doit suivre les progrès du siècle.

La Société royale d'agriculture, histoire naturelle et arts utiles de Lyon, a mis au concours la question suivante :

Établir par des recherches analytiques la composition d'un certain nombre de terres végétales, en indiquant leur degré de fertilité relative.

Nous nous sommes proposé, dans le travail que nous allons faire connaître, de répondre à la question posée par la Société.

Livré depuis long-temps à l'étude analytique des terres végétales, nous avons toujours pensé que de pareilles recherches pourraient avoir un but d'autant plus utile, que rien d'un peu complet en ce genre n'a encore été fait. Il existe sans doute, dans les recueils spéciaux, quelques analyses de terres végétales, mais en général leur nombre est restreint, et, dans ces diverses recherches, l'intention des expérimentateurs a été de faire connaître la composition de la terre d'un champ isolé ou livré à une culture particulière, plutôt que d'établir des comparaisons, que d'étudier la question sur différentes faces, ce qui ne peut guère se faire qu'à l'aide d'un travail d'une certaine étendue. Nous devons cependant signaler en passant l'accord qui existe entre nos recherches et nos conclusions, et celles auxquelles M. Berthier a été conduit par ses études sur quelques terres végétales des environs de Melun et de Nemours.

Nous avons examiné successivement plus de cent échantillons de terres végétales prises dans des localités différentes, aux environs de Lyon et dans le département de l'Ain.

Parmi les divers moyens d'analyse usités, nous avons adopté le suivant :

Une portion de terre placée dans une capsule en porcelaine a été chauffée pendant quinze minutes à une température de 300 degrés environ. Cette opération a principalement pour but de chasser l'eau hygrométrique, ainsi que l'eau des sels hydratés qui s'y trouvent toujours en quantité plus ou moins abondante. A cette température, les débris de végétaux et l'humus se carbonisent sans toutefois que les sels carbonatés soient décomposés. On a pris ensuite cent parties de terre préparée ainsi, qui ont été traitées par l'acide chlorhydrique, et le reste de l'analyse a été continué selon l'usage habituel.

D'un autre côté, on a pris cent autres parties de terre desséchée qui ont été soumises successivement à plusieurs lavages, jusqu'à ce que l'eau en sortît claire ; le résidu desséché de nouveau a été pesé avec soin.

Cette opération du lavage sert à déterminer la classe de la terre selon la plus ou moins grande division des parties qui la composent.

On n'a pas tenu compte de l'humus, ni des autres produits organiques qu'on rencontre dans les terres végétales ; ces substances, introduites par la culture et les engrais, ne font pas partie du sol proprement dit ; d'ailleurs, les proportions variables dans lesquelles elles se trouvent, apportent des différences dans la production qu'on ne peut, en aucun cas, attribuer à celui-ci. C'est donc dégagées de ces causes de complications que les terres végétales ont été étudiées.

Pour être aussi dans des conditions toujours semblables, les échantillons qui ont servi aux analyses ont tous été pris à une même profondeur, c'est-à-dire à 10 centimètres au-dessous de la surface du sol.

Le mode d'analyse par la voie humide a paru ici le meilleur; l'acide chlorhydrique, dont on a fait usage, possède une force dissolvante que n'atteignent pas les acides organiques des végétaux. Ces derniers ne peuvent donc, en aucun cas, mettre à nu des substances élémentaires qui résistent à l'action puissante du premier; néanmoins, nous avons cru devoir faire l'analyse de quelques-unes des terres par deux méthodes, c'est-à-dire par une attaque à la potasse, et par la voie humide. Nous allons donner de suite quelques exemples pris parmi les terres qui ne contiennent pas du carbonate de chaux.

Terre de la plaine des Varennes, à Collonges.

Attaque à la potasse :

Silice.	792
Alumine	122
Peroxide de fer	086
	1,000

La même terre a donné par la voie humide :

Analyse n° 48.

Matière insoluble.	962
Alumine dissoute	012
Peroxide de fer.	026
	1,000

Terrain blanc de Pont-de-Vaux.

Attaque à la potasse :

Silice.	801
Alumine	107
Peroxide de fer	092
	1,000

Le même a donné par la voie humide :

Analyse n° 99.

Matière insoluble	960
Alumine dissoute	003
Peroxide de fer.	037
	1,000

Les analyses par la potasse démontrent que la matière inattaquable par les acides est formée de silicate d'alumine et de quartz, vu que les proportions des deux éléments sont insuffisantes pour n'y voir que du silicate d'alumine. Elles font voir aussi que le fer y existe, non-seulement en fragments isolés, mais encore disséminé entre les molécules des parties siliceuses. Ceci, du reste, se comprend déjà en voyant les sables siliceux conserver leur couleur rouge ferrugineuse, même après le traitement par les acides.

Les roches granitiques, on ne peut en douter, ont fourni les éléments de la plus grande partie des dépôts siliceux ou argileux, qui constituent les terres végétales ; mais l'état aré-nacé de ces dépôts, leur origine généralement diluvienne, disent aussi qu'ils doivent contenir des fragments de toutes les espèces de roches siliceuses ; car, quelque minime que soit la proportion d'alumine qu'on obtient par la voie humide, elle dénonce au moins la présence de l'hydrate d'alumine ou d'autres composés alumineux attaquables par les acides. Ce qu'il y a de certain, c'est que si l'on traite pendant long-temps les terres argileuses par l'acide chlorhydrique concen-tré, on obtient une plus forte proportion d'alumine et même de la silice en gelée.

On trouvera ci-après le tableau des analyses, dans lequel nous avons mis, avec le nom de la localité, la hauteur abso-lue des lieux, la classe du terrain et le résidu après lavage; il est suivi d'une description des champs où chaque terre a été prise.

Plusieurs moyens se présentaient pour l'établissement du tableau, mais comme tous offraient des inconvénients, nous avons cru devoir suivre simplement l'ordre par localité.

Nous avons adopté un mode de descriptions méthodiques, qui, tout en évitant des circonlocutions et des répétitions de mots, rend les faits plus clairs, plus faciles à saisir. Ainsi, nous donnons pour chaque terre :

La classe,
La culture,
La production,
La profondeur du sol,
La consistance du sol,
La formation géologique.

Relativement à la fécondité, nous admettons quatre classes de terre ; un plus grand nombre rendrait leurs descriptions moins claires, et du reste serait inutile pour le but qu'on se propose ici.

Nous faisons trois divisions du sol, savoir :

Sol rare, sol moyen et *sol profond.*

Lorsque la couche de terre a moins de 20 centimètres, c'est un sol rare. Lorsqu'elle a de 20 à 60 centimètres, c'est un sol moyen. Enfin, le sol profond est de 60 centimètres et au-dessus.

La consistance de la terre est aussi divisée en trois parties : la consistance *forte*, la consistance *moyenne* et la consistance *légère*.

Lorsque après le lavage il ne reste que de un à vingt-cinq pour cent du poids primitif, c'est une terre forte ; si le résidu est de vingt-cinq à cinquante pour cent, c'est une terre moyenne, terre franche ou terre normale comme quelques personnes l'appellent. La terre légère conserve de cinquante à cent pour cent de son poids primitif.

Les éléments dont se composent les terres végétales sont

en assez petit nombre ; on peut même les réduire à quatre,
savoir :

> La silice,
> L'alumine,
> La chaux,
> Le fer.

Nous ne parlerons pas de la magnésie, qui se présente
rarement dans les terres diluviennes, et encore moins des
autres corps, qui sont de véritables curiosités minéralogiques.

L'association de ces quatre éléments n'est pourtant pas
constante ; la chaux y manque souvent, et lorsqu'elle s'y
trouve, elle est en proportions très-variables. Le fer, dont la
quantité n'y est jamais grande, manque aussi parfois, mais
assez rarement. L'alumine paraît exister dans toutes les terres
végétales à l'état de silicate, et souvent à l'état d'hydrate ou
d'hydrosilicate. Quant à la silice, on la rencontre partout et
presque toujours en grande quantité.

Les terres végétales des environs de Lyon varient beaucoup
dans les proportions de leurs principes élémentaires. Dans
les parties basses et moyennes du Mont-d'Or, le carbonate de
chaux s'y trouve depuis un jusqu'à vingt-cinq pour cent du
poids ; près des sommités de la montagne, ce sel manque à
peu près partout. Cette circonstance paraît d'autant plus sin-
gulière au premier aperçu, que les parties hautes de la montagne étant uniquement calcaires, on était en droit de penser
que le sol végétal devait lui-même être formé de ce principe ;
mais les observations géologiques apprennent que ces terres
sont dues bien moins à la décomposition des roches sous-
jacentes, qu'à un dépôt laissé par les eaux diluviennes. Au
reste, le même fait se présente dans les montagnes du Bugey,
et là du moins le doute n'est pas permis, car on y voit, avec
cette terre étrangère, des sables, des galets, des blocs erratiques siliceux, couvrir entièrement le sol à une altitude deux
fois plus grande que celle du Mont-d'Or.

Si l'on s'éloigne du Mont-d'Or pour se rapprocher à l'ouest des montagnes formées de roches siliceuses, la chaux manque aussi complètement ou est à peine indiquée.

La géologie apporte aussi sa part d'utilité à l'agriculture ; elle permet, comme on a déjà pu le voir, d'expliquer des faits importants qu'on ne saurait apprécier sans l'application de cette science. Les études que nous avons faites en ce sens, nous ont amené à établir six divisions géologiques des terres végétales dans nos localités. Nous les classons de la manière suivante :

Le lehm,

Le diluvium,

Les marnes,

Les terrains de désagrégation,

Les terrains tertiaires,

Les alluvions modernes.

Le *lehm* est une terre d'un blanc jaunâtre, friable et douce au toucher ; il est composé de sable siliceux, de carbonate de chaux et d'oxide de fer hydraté.

Le sable est dans un état tel que le résidu, après lavage, est encore de vingt-cinq à cinquante pour cent, ce qui constitue des terres de consistance moyenne. Vu au microscope, le sable laisse distinguer du quartz, du feldspath, du mica, de l'oxide de fer en grains rugueux, quelques parcelles de serpentine et d'autres roches siliceuses. Le carbonate de chaux s'y trouve quelquefois jusque dans la proportion de vingt-cinq pour cent du poids, surtout lorsque le lehm est en place.

Dans quelques parties de ce dépôt, on rencontre des concrétions de formes tuberculeuses très-dures ; il est même arrivé que la masse entière s'est durcie ; on a des exemples de ce cas sur le plateau de St-Didier, et à Limonest, au hameau de la Rousselière. L'analyse n° 54 fait voir que le lehm durci de la Rousselière contient soixante-un pour cent de carbonate de chaux. Ce point, le plus élevé à notre connaissance où le dépôt se soit opéré dans le Mont-d'Or, est à 400 mètres au-dessus du niveau de la mer.

Le lehm renferme fréquemment des coquilles terrestres de la plupart des espèces vivant encore aujourd'hui dans nos localités ; leur enfouissement paraît remonter à une époque fort éloignée.

Ce dépôt, aux environs de Lyon, existe sur une assez grande étendue ; le sol végétal des communes au pied du Mont-d'Or, en est presque entièrement composé ; il ne faut en excepter que quelques parties basses, entre autres la plaine des Varennes, à Collonges, laquelle paraît avoir été formée par les alluvions de la Saône depuis qu'elle a pris un cours régulier.

Le lehm, par sa consistance moyenne, par sa position sur des pentes, se déplace sans cesse et se porte dans les vallées, où il forme des couches ayant sur quelques points de 10 à 12 mètres d'épaisseur. Ce qui démontre la facilité de ce déplacement, ce sont les restes d'habitations romaines qu'on y trouve fréquemment enfouis. Le chemin, si profondément encaissé, des *Grandes-Balmes*, allant de St-Rambert-l'Ile-Barbe à St-Cyr, laisse voir, contre les parois de ses berges, des tuiles plates et des portions de murs d'une villa dont le sol, couvert de cendre et de charbon, est placé à près de 3 mètres au-dessous de la surface actuelle du terrain. Il existe aux environs de Lyon plusieurs exemples d'enfouissements semblables.

Relativement à la formation du lehm, bien qu'elle soit d'origine peu ancienne, on ne saurait raisonnablement l'attribuer, comme quelques personnes l'ont prétendu, à la trituration des roches calcaires, et à leur transport actuel. Le sable siliceux qui le constitue en grande partie, dont les grains, quelquefois très-gros, sont usés et arrondis par un long frotte-

ment, ne peut pas avoir une pareille origine ; ensuite la présence de la serpentine et d'autres roches étrangères à la localité s'y oppose absolument.

La portion calcaire du lehm, dans nos localités, ne peut
pas non plus provenir du lavage des roches du Mont-d'Or ;
car, s'il est vrai que les eaux pluviales dissolvent et entraînent
incessamment des particules de ce sel, ce n'est pas pour les
déposer immédiatement au pied de la montagne ; elles n'a-
gissent pas comme les eaux de source, qui en contiennent
souvent d'assez fortes quantités, qu'elles déposent aussitôt que
l'acide carbonique qui les tenait en dissolution, se sépare
d'elles. Du reste, on ne comprendrait pas la différence bien
tranchée et sans transition qu'il y a entre les terres des parties
basses et celles des points élevés, les unes étant sablonneuses
et calcaires, tandis que les autres constituent des terrains forts
privés de chaux.

Mais ce qui doit ôter prise à toute espèce d'objections,
c'est le recouvrement du lehm en place opéré par le diluvium, qui y a été déposé en couches bien distinctes et sans
mélange. Entre autres exemples, nous citerons celui qui
existe dans le chemin de St-Claude, tendant du château de
St-André à la grande route, près de Limonest. En voici une
coupe prise en allant de bas en haut :

Gneiss décomposé en sable, et fragments détachés reposant sur le gneiss en place. 0ᵐ50

Lehm en place, de couleur blanc jaunâtre, contenant vingt-cinq pour cent de carbonate de chaux,
avec *kupstein* ou concrétions tuberculeuses. 2 00

Diluvium de couleur rouge-brun, ne contenant pas
de carbonate de chaux. 0 80

Lehm déplacé, mélangé de diluvium amené
par les eaux des parties supérieures et ne contenant
que seize pour cent de carbonate de chaux. 1 50

Total. 4 80

On a donné le nom de *diluvium* au dépôt boueux laissé par les eaux lors du dernier cataclisme terrestre. Ce dépôt eut lieu partout dans nos contrées, car la hauteur des eaux était si grande, qu'elles couvraient les montagnes les plus élevées de notre voisinage, telles que le Colombier et le Mont-du-Chat, où le diluvium existe d'une manière évidente.

Le diluvium, qui forme conséquemment la plus grande partie des terres végétales, est très-facile à reconnaître par sa couleur rouge brun et sa forte compacité ; il est composé d'argile très-divisée et de fer à l'état de peroxide. Soumis au lavage, il ne laisse bien souvent, après cette opération, que huit à dix pour cent de son poids primitif, et le résidu dépasse rarement vingt-cinq pour cent ; c'est ce qui explique l'état compacte dans lequel on le trouve habituellement.

Le dépôt formé par le diluvium n'est pas très-puissant ; cependant, dans les montagnes du Bugey, il a assez fréquemment de 5 à 6 mètres d'épaisseur. Sur le plateau de la Croix-Rousse, où le lehm manque généralement à la surface, le diluvium constitue en partie le sol végétal, et la couche a souvent de 2 à 3 mètres. Là, comme sur une infinité d'autres points, le diluvium a comblé les déchirures et les sillons que les courants d'eau avaient tracés dans les terrains tertiaires, et donné au sol l'égalité que nous lui voyons. Le fait se remarque très-bien lorsqu'on suit les tranchées faites pour les fondations de murs.

Lorsqu'on examine le diluvium au microscope, on reconnaît le quartz qui y domine, le feldspath et l'oxide de fer en grains. Ces substances sont d'habitude dans un grand état de division ; cependant il y a des exemples où les éléments constitutifs, mal désagrégés, se présentent sous la forme d'un sable siliceux en grains assez gros. Ces exemples existent surtout dans le département du Rhône.

Le diluvium dans son état de pureté, avons-nous dit, ne

contient pas de chaux; en effet, on le rencontre ainsi sur les
points élevés , tels que le Mont-Luisandre, à St-Rambert , à
Évoges, Hostiaz, Hauteville, Ordonaz, au Colombier et dans
une infinité de lieux dans le Bugey; au Mont-Cindre, à Poleymieux, Dardilly, Limonest, Écully, Ste-Foy, la Croix-Rousse,
Neyron et Villeurbanne, aux environs de Lyon.

Le diluvium s'étant déposé sur le lehm , il a formé avec
lui des mélanges plus ou moins variés. C'est sans doute ce
qui peut expliquer la différence, si variable aussi, qui existe
dans les proportions de chaux contenue dans le lehm déplacé.

Outre ces mélanges , il en existe d'autres, faits avec les
marnes des dépôts jurassiques. Le cas se présente dans les
vallées à l'est de St-Fortunat et de la Barolière à Limonest,
où les marnes du lias, qui constituent une partie du sous-sol,
ont été mélangées avec lui par la culture et les coulées ve-
nues des points plus élevés. Toutefois, cet alliage d'éléments
très-divisés a formé des terres compactes et tenaces, de couleur brune, faciles à distinguer des autres mélanges avec le
lehm, dont les plans inclinés de St-Cyr et de St-Rambert
offrent de nombreux exemples.

Lorsque le dépôt est faible, comme cela se remarque dans
le bassin de la rivière d'Ain, aux environs de Meximieux, et
qu'il a eu lieu sur le conglomérat ou gravier formant le sous-
sol, il y a eu mélange avec ce dernier, et le diluvium, au lieu
d'avoir sa pureté primitive, se présente alors associé avec des
sables et des cailloux en proportions variables.

Enfin on a des exemples où , dans un même champ, d'un
côté se trouve le lehm, de l'autre le diluvium.

Les courants diluviens, en emportant les roches jurassiques, ont souvent terminé leurs érosions sur des bancs de
marnes qui, restés entièrement dénudés, ont été couverts ensuite par la végétation ; mais, en général , le sol de cette na-

ture est de mauvaise qualité, parce que les dépôts, en masses puissantes, formés de substances très-divisées, sont tout-à-fait imperméables.

Il existe dans le département de l'Ain six dépôts de marnes de formations et d'âges différents ; toutefois, deux seulement méritent de fixer ici l'attention : ce sont les marnes *du lias* et les marnes du *deuxième étage jurassique*.

Les marnes du lias, qui se trouvent aussi dans le département du Rhône, faisant partie du Mont-d'Or, sont de couleur gris noirâtre ; quelques bancs sont jaunes ou rougeâtres ; elles sont généralement schisteuses et micacées. Des nodules ferrugineux et des pyrites de fer sont répandus dans toute la masse. La partie supérieure, où l'on trouve quelques fossiles, est recouverte par un banc d'oxide de fer oolithique, également fossilifère.

Les marnes du deuxième étage jurassique, qui sont regardées en France comme l'équivalent de l'*oxford clay* des Anglais, ont acquis dans la partie ouest du Bugey un développement considérable ; le dépôt n'a pas moins de 150 mètres de puissance ; il est divisé par des bancs calcaires en cinq ou six couches, ou zones, différant entre elles par leurs couleurs et les proportions de leurs éléments. La couleur dominante est le gris foncé ; quelques couches sont d'un gris blanc ou jaunâtre.

La texture est généralement schisteuse, si ce n'est quelques bandes ferrugineuses qui affectent la forme oolithique. Le mica ne s'y rencontre pas, caractère qui au premier coup-d'œil les fait distinguer des marnes liasiques.

Une innombrable quantité de fossiles est disséminée dans toute la masse ; quelques-uns sont à l'état de pyrite, surtout dans la partie supérieure.

Une série d'analyses a fait voir que le carbonate de chaux s'y trouve depuis la proportion de quarante jusqu'à celle de soixante-et-dix pour cent du poids ; on y reconnaît encore des matières organiques en proportions notables.

Quoique les marnes en place soient très-peu propres à la végétation, il n'en faut pas conclure que ce défaut tienne à leur composition chimique, c'est uniquement la conséquence de l'adhérence très-forte que contractent ensemble leurs particules très-fines à l'état de repos ; mais si, déplacées, on les mélange avec des terres graveleuses ou trop légères, elles perdent de leur ténacité, se modifient, et il résulte de ce mélange des terres d'excellente qualité.

Des modifications pareilles s'opèrent souvent d'elles-mêmes lorsque des coulées de marnes glissent aux pieds de leurs escarpements, qui, d'ordinaire, sont couverts de débris très-divisés des roches environnantes. Dans l'arrondissement de St-Rambert-en-Bugey, les vallées fécondes des parties moyennes en offrent des exemples remarquables. Il ne faut pourtant pas confondre ce résultat, dû à un heureux mélange de terres de consistance diamétralement opposée, avec celui obtenu par les marnes répandues en petite quantité comme amendement ou stimulant sur des terres apauvries. Nous aurons occasion d'établir ailleurs en quoi consiste la différence.

Les roches, en général, sont soumises à l'action des agents atmosphériques, qui les dissolvent ou les désagrégent avec plus ou moins de facilité, selon la nature de leurs parties constituantes ou leur état de combinaison. Le produit de cette décomposition constitue ce que nous appelons *les terrains de désagrégation*.

Ce travail continu et réparateur vient en aide aux terrains meubles, en comblant les pertes que lui font éprouver les pluies et les autres causes de déplacement. Beaucoup de points où le roc est resté nu après le passage des eaux diluviennes doivent la terre végétale qu'on y remarque aujourd'hui, à la décomposition des roches sous-jacentes.

Les roches primordiales, particulièrement les gneiss, ont fortement concouru à la formation de ce genre de terre, qui abonde surtout dans la partie ouest du département du Rhône; ses caractères distinctifs sont faciles à reconnaître : elle est d'un brun noirâtre, rude au toucher, graveleuse et sans consistance. Des fragments de roche, non décomposée, sont disséminés dans la masse; le mica y est parfois très-abondant.

Les cultivateurs se plaignent de la nécessité où ils sont d'employer une grande quantité d'engrais pour rendre ces terres productives. On conçoit que leur état de désagrégation encore peu avancée en fasse des terres légères, très-perméables, se prêtant avec trop de facilité à la décomposition des matières organiques, ce qui occasionne la perte d'une partie de leurs principes fertilisants. Il n'est pas douteux qu'un amendement opéré avec des terres fortes ou compactes, bonifierait le sol, et en même temps rendrait moins grande la proportion d'engrais nécessaire à leur culture. Il est certain aussi que l'écobuage devrait produire un bon effet en facilitant la désagrégation des parties graveleuses.

Les terrains *tertiaires*, si largement développés dans le bassin du Rhône, constituent eux-mêmes quelquefois le sol végétal. La cause qui a opéré la dénudation des marnes et des roches s'est encore manifestée ici; les parties supérieures, sur certains points, ont été lavées, déchirées, sans permettre au dépôt boueux diluvien de se déposer sur elles.

Les terrains tertiaires, dont les plaines du Dauphiné, le plateau de la Bresse et le bassin de Belley sont des exemples, varient beaucoup dans leur état physique et dans leur composition. Ce sont des alternances de sables, de gravier et de galets de toutes dimensions. Des couches de marne jaunâtre s'y trouvent aussi, mais en dépôts limités et très-irréguliers. En général, les sables sont siliceux; les graviers, au contraire, sont un mélange de débris alpins et jurassiques, et leurs parties tenues offrent des proportions de calcaire souvent très-fortes.

Les sables et toutes les parties qui sont dans un certain état de division, se prêtent assez bien à la végétation ; mais les graviers sont d'une stérilité extrême ; la vigne seule y réussit, lorsque le sol est en pente et que le sous-sol n'est pas imperméable.

Les terrains d'*alluvions modernes* sont dus aux délaissements des rivières et des torrents ; leur formation a conséquemment lieu encore de nos jours. Ces dépôts, quoique assez nombreux, ont des dimensions très-limitées. On conçoit que par le fait même de leur origine, ils ne peuvent pas reproduire les phénomènes diluviens dont on a des exemples d'une si grande étendue.

Leur nature sablonneuse, et quelquefois graveleuse, constitue des terres très-légères ; mais leur position près des rivières et peu élevée au-dessus de leur niveau, ou dans des vallées ombragées, leur procure une certaine humidité qui en fait toujours des terres de première classe.

La composition chimique de ces terrains est très-variable ; elle doit évidemment participer de la nature de ceux traversés par les eaux qui les ont déposés. Les alluvions du Rhône, de l'Azergue et des petites rivières à l'ouest du département du Rhône sont siliceuses. Celles de la Saône offrent des mélanges de chaux. Les alluvions de la rivière d'Ain, de l'Albarine et de toutes les petites rivières du Bugey renferment des proportions considérables de carbonate de chaux.

Si les engrais sont la condition première d'une bonne agriculture, il est d'autres conditions non moins utiles, non moins nécessaires. C'est ainsi que les meilleurs engrais ne donnent que de minces résultats sur un sol d'une imperméabilité absolue, ou bien sur un sol par trop léger : le premier,

en ce qu'il s'oppose à l'introduction de l'eau et des gaz, qui sont
les éléments constitutifs de toute végétation; le second, en
ce qu'il offre un passage trop facile à ces éléments, qui, pour
être employés utilement et sans perte à l'assimilation lente
qu'en font les plantes, ne doivent se développer qu'au fur et
à mesure des besoins qu'elles éprouvent. Une terre de premier ordre doit donc tenir le milieu entre ces points ex-
trêmes.

Les terrains compactes ou légers ne doivent pas leur constitution à la nature des corps élémentaires qui les composent,
mais bien à l'état de division dans lequel ces éléments se
trouvent. Or, si un terrain siliceux ou argileux, fortement
trituré, est imperméable à l'eau, un terrain calcaire, dans
un pareil état de division, présente les mêmes défauts. La
Bresse offre de nombreux exemples du premier, tandis que
les marnes du deuxième étage jurassique sont une preuve du
second. De même, il existe des terrains légers complètement
siliceux, comme le sont certaines alluvions du Rhône et de
la Saône, ou bien éminemment calcaires, ainsi qu'on en rencontre dans la vallée de l'Albarine et les environs de Belley.

Le diluvium qui a formé des terrains forts et tenaces, n'est
pas néanmoins d'une imperméabilité absolue; cela tient à son
état de division moins avancée, et ensuite à ce que la couche
en est d'ordinaire peu épaisse. Si ce genre de terrain offre
l'inconvénient de ne pas se prêter à toute espèce de cultures, et de donner des produits moins abondants, il présente
l'avantage de fournir des récoltes plus assurées et de bonne
qualité, d'être particulièrement favorable à la culture des
céréales, et de ne pas craindre la sécheresse. Ce dernier
avantage est apprécié surtout dans les régions élevées.

Le sous-sol et la configuration des lieux jouent en agriculture un rôle important, qui n'est pas toujours apprécié avec
exactitude; ce qui fait que souvent on attribue à la couche

végétale des défauts qui ne proviennent pas d'elle. Tantôt le sous-sol, composé de roches en place, de graviers agglutinés ou d'argiles imperméables, formera des champs arides si la configuration des lieux se prête à un écoulement trop facile des eaux, surtout si dans ce cas la couche végétale est rare. D'autres fois, avec un sous-sol semblable, mais disposé de telle façon que les eaux soient sans écoulement et restent stagnantes, le champ sera goutteux et marécageux.

L'action du sous-sol est tellement manifeste, qu'on a vu quelquefois des transformations miraculeuses dues à de simples accidents. Dans le Bugey, où les terres de moindre qualité sont formées de marnes imperméables, il arrive très-souvent, dans les années pluvieuses, que les couches supérieures des marnes se détachent et produisent des avalanches de boue qui vont couvrir dans le voisinage d'autres terres ou même des débris de roches dépourvus jusqu'alors de végétation. Eh bien! ces champs improvisés sont ordinairement d'excellente qualité, et l'on a de la sorte, en contact, des terres composées des mêmes éléments, qui donnent pour ainsi dire les deux termes opposés de la végétation.

Les agriculteurs qui classent et divisent les terrains en raison de leurs produits, ou de la difficulté qu'ils éprouvent à les travailler, n'ont pas tenu compte, comme on peut le voir, de leur composition chimique. Ainsi, *les terrains blancs* de la Bresse ne renferment pas un atome de chaux, tandis que *les terrains blancs* du Bugey, formés par les marnes, en contiennent depuis quarante jusqu'à soixante-et-dix pour cent de leur poids. Il ne faut donc pas admettre trop légèrement, avec quelques personnes, que le carbonate de chaux, à l'état pulvérulent, soit un excellent diviseur. Le meilleur diviseur est sans contredit un sable plus ou moins grossier, n'importe sa nature, n'importe aussi celle du terrain à ameublir.

Il est également admis en agriculture que le carbonate de

chaux est un élément nécessaire à la constitution d'une bonne terre végétale ; des agriculteurs distingués partagent encore cette opinion, qu'il importe de détruire. Nous espérons que le résultat des analyses que nous donnons ici, ne laissera plus exister de doute à cet égard. Pour rendre les faits plus sensibles, nous citerons quelques exemples :

Les nᵒˢ 8, 9, 31, 48, 49 et 98 sont des terres légères de première classe, prises dans des vallées, à des altitudes à peu près égales ; elles ne contiennent pas de chaux ; cependant elles sont semblables, sous le rapport de la production et de la position, aux nᵒˢ 43, 50, 77, 83, 90, 91 et 95, qui en renferment depuis 16,5 jusqu'à 53,5 pour cent.

Les terres de consistance moyenne, telles que les nᵒˢ 15, 36, 37, 39, 45, 46 et 47, où le carbonate de chaux est abondant, ne diffèrent pas pour la production, ni sous les autres rapports, des nᵒˢ 4, 20, 52, 53, 99, 106 et 107, où cet élément manque à peu près complètement. Enfin les terrains blancs goutteux de la Bresse, privés de chaux, dont les nᵒˢ 105 et 109 sont des exemples, donnent des résultats aussi déplorables que les nᵒˢ 63, 74, 75 et 76 du Bugey, où la chaux entre souvent pour plus de cinquante pour cent.

A ces exemples on pourrait en ajouter un grand nombre d'autres. C'est ainsi qu'on trouve des champs dont la composition chimique varie selon les points, sans que pour cela il y ait de différence dans la production, tandis qu'il en est d'autres dont les deux extrémités chimiquement semblables, diffèrent d'une manière notable par la quantité des produits.

Devant ces faits, il n'est pas permis de conserver au carbonate calcaire cette propriété merveilleuse que quelques-uns lui avaient attribuée jusqu'à ce jour. Nous nous proposons même de démontrer par la suite que les éléments qui constituent les terres végétales, n'ont point d'action directe sur la végétation ; ils ne servent que de supports aux plantes, de points d'attache à leurs racines, et de moyen de transmission des principes nutritifs.

Nous ne prétendons pas pour cela nier l'action efficace qu'exercent d'autres sels calcaires sur la végétation, celle par exemple du gypse ou sulfate de chaux employé comme stimulant. Cette action ne doit pas être attribuée à la base du sel, mais bien à l'état de combinaison dans lequel elle se trouve ; car il existe d'autres sels à bases différentes qui ont la même propriété. Dans ce cas, il se passe des phénomènes physiques momentanés, qui n'ont pas lieu ordinairement. Le temps et les limites de ce travail ne nous permettent pas d'aborder ici cette question ; elle sera traitée dans un Mémoire particulier sur les marnes, que nous soumettrons bientôt à la Société.

Telles sont les observations succinctes dont nous avons cru devoir accompagner nos analyses. Nous aurions pu sans doute nous étendre davantage, en déduire des conséquences plus nombreuses, nous livrer même à des considérations théoriques fondées, mais on comprendra toute notre réserve sur un sujet pareil. Nous avons cru devoir nous borner à ce qui paraissait incontestable.

Disons, en terminant, que les divers résultats qu'on obtient dans la culture sont, en très-grande partie, occasionnés par l'état de division des terres, par un sol plus ou moins profond, par un sous-sol plus ou moins perméable, par l'arrosage, par l'exposition et par l'altitude ; nous ajouterons encore par la nature, la quantité des engrais et le traitement des terres. C'est en tenant un compte scrupuleux de toutes ces conditions qu'on peut arriver à apprécier avec exactitude la puissance de végétation d'un terrain donné.

DESCRIPTION DES TERRES ANALYSÉES.

Environs de Lyon.

N° 1. St-Didier-au-Mont-d'Or, près de la Rémillote.

Terre de première classe. — Culture en céréales, trèfle, luzerne, prés, etc. — Production abondante, forte végétation. — Sol moyen. — Consistance moyenne-forte (1). — Formation : lehm reposant sur le conglomérat et le gneiss. Le lavage laisse un dépôt abondant de sable siliceux où le quartz domine ; on y remarque aussi du feldspath, du mica et du fer oxidé.

2. St-Cyr, sommet du Mont-Cindre, propriété de Jean Peters.

Terre de deuxième et troisième classes. — Culture en céréales et trèfle ; bonne végétation. — Production abondante là où le sol ne manque pas. — Sol rare. — Consistance forte. — Formation : dépôt de diluvium reposant sur le *ciret*, roche blanchâtre de la partie inférieure du premier étage jurassique (*voir le n° 7*). La terre, vue au microscope, paraît formée en grande partie de quartz mêlé de feldspath et d'oxide de fer en fragments rugueux.

3. Couzon, au milieu de la plaine, en face des carrières.

Terre de deuxième classe. — Culture en vignes, céréales, prés, etc. — Production assez abondante. — Sol assez profond, très-pierreux. — Consistance forte. — Formation : terre provenant en grande partie des marnes et des déblais des carrières.

4. Curis, aux Avoraux.

Terre de première classe. — Culture en céréales, vignes, récoltes sarclées et toutes cultures. — Production abondante. — Sol

---

(1) Nous nous servons de cette expression pour faire comprendre que la terre en question, dont le résidu après lavage n'est que de 28 p. 0/0, se rapproche des terres fortes. Nous disons aussi par analogie, consistance forte-moyenne, moyenne-légère, et légère-moyenne.

profond. — Consistance moyenne-légère. — Formation : dépôt tertiaire déplacé, composé de sable siliceux très-quarzeux, avec quelques parties de feldspath et d'oxide de fer en grains rugueux.

5. Poleymieux, au-dessus des Places.

Terre de deuxième classe. — Culture en céréales. — Production assez abondante. — Sol rare. — Consistance forte. — Formation : ciret décomposé, mélangé d'une petite partie de diluvium.

6. Limonest, derrière le château de la Barollière.

Terre de première et deuxième classes. — Culture en céréales, trèfle et récoltes sarclées. — Production abondante. — Sol profond dans la partie inférieure, rare dans la partie supérieure. — Consistance moyenne-forte. — Formation : diluvium mélangé avec la marne du lias sur laquelle il repose ; on y trouve encore des fragments de roches calcaires, provenant des parties supérieures de la montagne, du fer en grains oolithiques et des débris assez gros de roches siliceuses.

7. St-Cyr, sommet du Mont-Cindre ; *le Ciret*.

Roche d'un blanc jaunâtre, marneuse, fossilifère, connue sous le nom de *Ciret* parmi les ouvriers carriers du pays. C'est une des assises inférieures du premier étage des terrains jurassiques ; existe à la surface sur les plateaux du Mont-d'Or, surtout dans la partie orientale. Cette roche est très-attaquable par les agents atmosphériques ; la pluie dissout et entraîne incessamment le carbonate de chaux, tandis que l'argile reste sur place et forme une partie du sol végétal, qui est très-léger.

8. Chazay (d'Azergue) les Rivières, sous le château de Gage.

Terre de première classe. — Culture en chanvre, céréales, prés, etc. — Sol moyen. — Consistance légère. — Formation : alluvions de l'Azergue, composées de sables siliceux assez gros. On y distingue le quartz, le feldspath, le mica et le fer oxidé en fragments rugueux.

9. Chazay, territoire du Mas, sur le plateau.

Terre de première et deuxième classes. — Culture en céréales, etc. — Production assez abondante. — Sol moyen. — Consistance légère. — Formation : anciennes alluvions de l'Azergue, selon toute probabilité, composées de sable siliceux dont quelques fragments sont assez gros. On y distingue le quartz, le feldspath, le mica et l'oxide de fer.

10. CHARNAY, territoire du Bourg, propriété Piérou.

Terrain de troisième classe. — Culture en vignes et céréales. — Production très-médiocre. — Sol moyen. — Consistance très-forte. Les racines de la vigne ne peuvent pas percer le sol s'il n'est pas bien défoncé. — Formation : mélange de diluvium et de fragments d'un calcaire en décomposition provenant du premier étage jurassique.

11. CHARNAY, territoire du Bourg ; partie inférieure de la terre n° 10.

Terre de deuxième et de troisième classes. — Culture en vignes et céréales. — Production médiocre. — Sol moyen. — Consistance forte. — Formation : diluvium et calcaire décomposé. Cette terre est supérieure en qualité au n° 10.

12. LAUSANNE, balme du Moulin.

Terre de deuxième classe. — Culture en vignes, céréales, etc. — Production moyenne. — Sol moyen. — Consistance forte. — Formation : elle provient de la décomposition des schistes chloriteux, sur lesquels elle repose et dont on trouve des fragments nombreux et assez gros disséminés dans sa masse.

13. LA CROIX-ROUSSE, clos Molin, rue de Cuire.

Terre de première classe. — Culture en jardins, luzerne, céréales, etc. — Production abondante. — Sol profond. — Consistance moyenne-forte. — Formation : diluvium et sables tertiaires.

14. CUIRE, territoire du Grand-Air.

Terre de première classe. — Culture en jardins, céréales, etc. — Production abondante. — Sol moyen. — Consistance moyenne. — Formation : diluvium et sables tertiaires. Cette terre est amendée par la boue des rues de Lyon, qu'on y dépose constamment comme engrais.

15. ECULLY, territoire du Randin.

Terre de première classe. — Culture en jardins, vignes, céréales, luzerne, etc. — Production abondante. — Sol profond. — Consistance moyenne. — Formation : lehm reposant sur le gneiss.

16. Ecully, la Charrière blanche, propriété de Claude Galatin.

Terre de première classe. — Culture en jardin, vignes, céréales, etc. — Production très-abondante. — Sol profond. — Consistance moyenne-légère. — Formation : gneiss décomposé sur place ; on en trouve encore des fragments assez gros.

17. Ecully, territoire des Plaines, propriété Viard.

Terre de deuxième classe. — Culture en prés, céréales, etc. — Production ordinaire. — Sol moyen. — Consistance moyenne-légère. — Formation : gneiss décomposé, mêlé probablement d'un peu de lehm.

18. Dardilly, territoire des Mouilles, côté du village.

Terre de première et deuxième classes. — Culture en blé, chanvre, etc. — Production abondante. — Sol moyen. — Consistance moyenne-légère. — Formation : mélange de diluvium, de sables tertiaires et de gneiss décomposé.

19. Dardilly, le Bourg, en face des maisons.

Terre de deuxième classe. — Culture en vignes, blé, jardin, etc. — Production moyenne. — Sol moyen-rare. — Consistance légère. — Formation : gneiss décomposé en sable grossier reposant sur le gneiss en place. La chaux doit provenir d'une petite quantité de lehm.

20. Dardilly, territoire des Charlières.

Terre de première et deuxième classes. — Culture en céréales, trèfle, luzerne, etc. — Production abondante. — Sol profond (de trois à cinq mètres). — Consistance moyenne. — Formation : diluvium et sable tertiaire très-fin et déplacé.

21. Dardilly, territoire des Hautes-Bruyères.

Terre de deuxième classe. — Culture en blé, trèfle, pommes de terre, vignes, etc. — Production moyenne. — Sol profond. — Consistance moyenne-forte. — Formation : diluvium et gneiss décomposé.

22. Ecully, territoire des Ganteries.

Terre de deuxième classe. — Culture en blé, trèfle, betteraves, prés, etc. — Production moyenne. — Sol moyen. — Consistance moyenne-forte. — Formation : diluvium et gneiss décomposé.

Ce terrain est goutteux; malgré sa consistance moyenne, le sous-sol doit être imperméable.

23. Petit-Ste-Foy, territoire de Grange-Bruyère.

Terre de deuxième classe. — Culture en céréales, prés, etc. — Production ordinaire. — Sol rare. — Consistance moyenne-forte. — Formation : diluvium mélangé de sable tertiaire ; repose sur le conglomérat. Le sous-sol de Ste-Foy est souvent imperméable.

24. Francheville, chemin creux du côté de Lyon.

Lehm déplacé pris à 3 ou 4 mètres de profondeur, sous une souche d'arbre. Ce lehm a été déplacé et mélangé avec les sables tertiaires et probablement aussi avec du diluvium.

25. Francheville, chemin creux du côté de Lyon.

Lehm pris à 3 ou 4 mètres de distance du n° 24.

26. Francheville, plaine du château.

Terre de première et deuxième classes. — Culture en céréales, chanvre, jardins, etc. — Production abondante. — Sol moyen. — Consistance légère. — Formation : mélange de gneiss décomposé, de sables tertiaires et un peu de lehm. Le sous-sol est un gravier assez gros.

27. Francheville, la Renarde, sous le château de Ruolz.

Terre de première classe. — Culture en céréales, vignes, jardins et prés. — Production abondante. — Sol profond. — Consistance moyenne. — Formation : mélange de lehm, de diluvium et de sables tertiaires déplacés.

28. Brindas, aux Landes.

Terre de deuxième classe. — Culture en céréales, prés, pommes de terre, etc. — Production moyenne, quelquefois abondante, surtout dans les années pluvieuses. — Sol moyen. — Consistance légère. — Formation : sable grossier, provenant de la décomposition du granit en place.

29. Chaponost, territoire du Meillon.

Terre de deuxième classe. — Culture en céréales, trèfle, prés, etc. — Production moyenne. — Sol moyen. — Consistance légère. — Formation : gneiss décomposé en place.

30. CHAPONOST, vers l'aqueduc, près du chemin de Beaunand.

Terre de première classe. — Culture en céréales, vignes, trèfle, prés, etc. — Production abondante. — Sol moyen et profond sur quelques points. — Consistance légère. — Formation : gneiss décomposé sur place, mélangé peut-être d'un peu de diluvium qui lui donne plus de consistance que n'en ont les n°s 28 et 29.

31. SOUCIEUX-EN-GARON, sous la Gerle, près de la rivière.

Terre de première classe. — Culture en céréales, prés, chanvre et récoltes sarclées. — Production abondante. — Sol profond. — Consistance légère. — Formation : alluvions de la rivière de Garon. Sable assez fin, contenant une grande quantité de mica ; c'est aussi un produit de la décomposition des roches granitiques.

32. STE-FOY, territoire de Mont-Rey.

Terre de première et deuxième classes. — Culture en céréales, trèfle, luzerne, prés et vignes. — Production assez abondante. — Sol profond dans le bas, rare dans la partie supérieure. — Consistance moyenne. — Formation : diluvium et sables tertiaires reposant sur le conglomérat.

33. STE-FOY, sur la route de Lyon, près du fort.

Terre de première classe. — Culture en céréales, vignes, prés, etc. — Production abondante. — Sol moyen et profond. — Consistance moyenne-forte. — Formation : diluvium et sables tertiaires reposant sur le conglomérat.

34. STE-FOY, territoire de la Dame ; partie inférieure.

Terre de première classe. — Culture en céréales, vignes, prés, etc. — Production abondante. — Sol moyen. — Consistance moyenne. — Formation : lehm déplacé, mélangé de diluvium et de sables tertiaires.

35. STE-FOY, territoire de la Dame ; partie supérieure.

Terre de première classe. — Culture en vignes, céréales, prés, etc. — Production abondante. — Sol moyen. — Consistance forte. Formation : diluvium avec quelques parties de sables tertiaires.

36. ST-RAMBERT (Ile-Barbe), territoire de Montessuy.

Terre de première classe. — Culture en vignes, céréales, trèfle, prés, etc. — Production abondante. — Sol profond. — Consistance moyenne-forte. — Formation : lehm et diluvium mélangés.

37. St-Rambert (Ile-Barbe), derrière le Trève.

Terre de première classe. — Culture en céréales, vignes, chanvre, luzerne, etc. — Production abondante. — Sol profond. — Consistance moyenne. — Formation : lehm déplacé, avec un peu de diluvium.

38. St-Rambert (Ile-Barbe), territoire de Montpelat.

Terre de première classe. — Culture en vignes, céréales, trèfle, luzerne, etc. — Production abondante. — Sol profond. — Consistance moyenne. — Formation : lehm déplacé et diluvium reposant sur le terrain tertiaire.

39. St-Rambert (Ile-Barbe), derrière la maison Vaucher.

Terre de première classe. — Culture en vignes, céréales, trèfle, prés, etc. — Production abondante. — Sol profond et moyen. — Consistance moyenne. — Formation : lehm reposant sur les gneiss en décomposition.

40. St-Rambert (Ile-Barbe) chemin des Grandes-Balmes, sous le cimetière.

Lehm déplacé pris dans la partie creuse du chemin, à 3 mètres de profondeur ; on y trouve des coquilles d'espèces vivantes. La puissance du dépôt est de 5 mètres environ.

41. St-Rambert (Ile-Barbe), chemin des Grandes-Balmes, sous le cimetière.

Diluvium pris à 4 mètres de profondeur. — Il repose sur le lehm en place. — Il est recouvert par le lehm remanié. — La couche varie de 50 centimètres à 1 mètre.

42. St-Rambert (Ile-Barbe), La Sauvagère, le haut du clos.

Terre de première classe. — Culture en céréales, vignes, trèfle, luzerne, etc. — Production abondante. — Sol moyen. — Consistance moyenne-légère. — Formation : diluvium et lehm mélangés de sables tertiaires.

43. St-Rambert (Ile-Barbe), La Sauvagère, le bas du clos.

Terre de première classe. — Culture en prés et jardin potager. — Production abondante. — Sol moyen. Consistance légère. — Formation : lehm déplacé, sables tertiaires et alluvions de la Saône.

44. Collonges, territoire des Charbottes.

Terre de première classe. — Culture en vignes, céréales, récoltes sarclées, trèfle, luzerne, etc. — Production abondante. — Sol moyen. Consistance moyenne. — Formation : lehm déplacé , diluvium et gneiss décomposé, reposant sur le gneiss.

On voit dans le mélange de ces terres une certaine quantité de paillettes de mica provenant du sous-sol.

45. COLLONGES , plateau au-dessus de la propriété Petetin.

Terre de première classe. — Culture en vignes, céréales, récoltes sarclées, trèfle, luzerne, etc. — Production abondante. — Sol profond. — Consistance moyenne. — Formation : lehm déplacé , reposant sur le gneiss.

46. COLLONGES, au Trève-Pâques, propriété Rey.

Terre de première classe. — Culture en vignes, céréales, trèfle, luzerne, raves, etc. — Production abondante. — Sol profond. — Consistance moyenne. — Formation : lehm déplacé.

47. COLLONGES, les Varennes, près de la Pelonière.

Terre de première classe. — Culture en vignes , céréales, prés, trèfle, luzerne, etc. — Production abondante. — Sol moyen. — Consistance moyenne. — Formation : lehm et diluvium.

48. COLLONGES, les Varennes, le milieu de la plaine.

Terre de première classe. — Culture en vignes, céréales, chanvre, jardins potagers, etc. — Production très-abondante. — Sol moyen. — Consistance légère. — Formation : alluvions de la Saône.

49. COLLONGES, au-dessous du pré St-Martin.

Terre de première classe. — Culture en céréales, prés, chanvre, raves, etc. — Production très-abondante. — Sol moyen. — Consistance légère. — Formation : alluvions de la rivière et sables tertiaires.

Cette terre est formée par un sable ayant des grains assez gros.

50. LYON, à St-Georges, jardin de la Ferlatière.

Terre de première classe. — Culture en jardins potagers , légumes, primeurs, etc. — Production très-abondante. — Sol profond. — Consistance légère. — Formation : sables tertiaires, lehm, cendres et décombres transportés.

L'humus qui s'y trouve en abondance est formé par l'énorme quantité de fumier que ce genre de culture exige.

51. La Guillotière, aux Brotteaux, près du cours La-fayette.

Terre de première classe. — Culture en prés, céréales, jardins, etc. — Production abondante. — Sol moyen. — Consistance moyenne. — Formation : alluvions du Rhône, modifiées par des décombres provenant des démolitions de maisons ; sous-sol de gravier.

52. Villeurbanne, territoire de l'Herbette.

Terre de première classe. — Culture en céréales, prés, trèfle, jardins, etc. — Production abondante. — Sol moyen. — Consistance moyenne. — Formation : sables tertiaires et alluvions du Rhône ; sous-sol de gravier.

53. St-Denis-de-Bron, sous le bois.

Terre de première classe. — Culture en céréales, récoltes sarclées, prés, trèfle, etc. — Production abondante. — Sol moyen. — Consistance moyenne-légère. — Formation : sables tertiaires et diluvium ; sous-sol de graviers tertiaires.

54. Limonest, hameau de la Roussillière.

Lehm durci.

Lorsque le lehm contient une grande quantité de carbonate de chaux, il se forme des concrétions tuberculeuses de diverses grosseurs ; quelquefois même la masse entière se durcit. L'échantillon qui a servi à cette analyse se trouve dans ce cas. La solidification s'est opérée aussi bien dans les dépôts remaniés que dans les dépôts primitifs ; elle a lieu encore aujourd'hui. Les *kupsteins* ou concrétions tuberculeuses diminuent de dureté du centre à la circonférence, où il n'y a plus que de la terre friable.

Les kupsteins contiennent fréquemment des débris de végétaux, des racines bien reconnaissables, des empreintes et des moules de coquilles terrestres. Nous possédons un échantillon où l'on voit le moule et l'empreinte d'un *cyclostoma elegans* qu'on reconnaît parfaitement.

55. St-Cyr, sommet du Mont-Cindre, du côté de Montoux.
Diluvium.

Terres du département de l'Ain.

56. St-Rambert-en-Bugey, col de Luisandre.

Terre de deuxième classe. — Culture en céréales, prés, trèfle et pommes de terre. — Production abondante lorsque les engrais ne manquent pas. — Sol profond, reposant sur les roches calcaires des terrains jurassiques dont toutes les montagnes du Bugey sont formées. — Consistance forte. — Formation : diluvium.

Le diluvium du Bugey est aussi composé de sable fin très-quarzeux, avec de l'oxide de fer concrétionné, du feldspath et parfois des paillettes de mica.

57. St-Rambert, hameau de la Roche, propriété de M. Augerd.

Terre de deuxième classe. — Culture en céréales, prés, trèfle et pommes de terre. — Production moyenne. — Sol variable, très-profond sur certains points. — Consistance forte. — Formation : diluvium.

58. Evoges, au Plan, le milieu de la vallée.

Terre de deuxième classe. — Culture en céréales, prés, trèfle et pommes de terre. — Production moyenne. — Sol rare. — Consistance moyenne. — Formation : diluvium mélangé de sable siliceux assez gros. Des blocs erratiques alpins en assez grande abondance sont aussi épars sur le sol.

59. Evoges, hameau du Terment.

Terre de deuxième et troisième classe. — Culture en céréales, pommes de terre, fèves, prés, etc. — Production médiocre. — Sol rare. — Consistance forte. — Formation : diluvium.

60. Les Fesses-St-Jérome, propriété Augerd, à la Combe.

Terre de troisième classe. — Culture en céréales, pommes de terre, trèfle et prés naturels. — Production médiocre. — Sol variable, profond sur quelques points. — Consistance forte. — Formation : diluvium mélangé de fragments de roches siliceuses. Exposition froide tournée au nord.

Toutefois des essais de culture de lupin ont donné des résultats extraordinaires ; toutes les tiges avaient de 1 mètre 50 centimètres à 1 mètre 70 centimètres de hauteur.

61. Montgriffon ; terre non amendée.

Terre de troisième et quatrième classes. — Culture en céréales et prés naturels. — Production faible. — Sol moyen et profond. — Consistance moyenne. — Formation : diluvium avec une grande quantité de fragments bréchiformes de roches siliceuses.

62. Montgriffon ; terre amendée par les marnes du lias.

Terre de deuxième classe. — Culture en prés naturels , céréales, pommes de terre. — Production abondante. — Sol moyen et profond. — Consistance moyenne. — Formation : diluvium mélangé de fragments siliceux.

Cette terre, qui est la même que le n° 61, doit sa fécondité aux marnes liasiques avec lesquelles elle a été amendée.

La petite quantité de sulfate de chaux est le produit de la réaction de l'acide sulfurique provenant des pyrites de la marne, sur le carbonate de chaux.

63. St-Rambert, hameau de la Roche ; *terrain blanc*.

Terre de quatrième classe. — Culture en céréales, prés et pommes de terre. — Production très-faible. — Sol profond. — Consistance forte. — Formation : marnes du deuxième étage jurassique dont la puissance a plus de 150 mètres sur quelques points. Terre compacte et imperméable, couverte d'*equisetum* et de *tussilago farfara*. Cette nature de sol est connue dans le pays sous le nom de *terrain blanc*.

64. Hauteville ; partie élevée.

Terre de deuxième classe. — Culture en céréales, prés, pommes de terre, etc. — Production moyenne. — Sol moyen. — Consistance forte. — Formation : diluvium.

65. Hauteville, vallée du Velli, propriété Lardin.

Terre de troisième et quatrième classe. — Culture en prés, avoine et pommes de terre. — Production très-médiocre. — Sol profond. — Consistance forte. — Formation : diluvium.

Cette terre est de bonne nature; la modicité de ses produits est la conséquence de son altitude, de son exposition dans une vallée profonde et resserrée, et de sa position au milieu d'une forêt de sapin qui diminue encore la lumière qu'elle reçoit. Il y a dans la même vallée des terres à base calcaire qui ne sont pas plus productives.

66. Cormoranche, le milieu de la vallée.

Terre de deuxième classe. — Culture en prés , céréales, pommes de terre, etc. — Production abondante. — Sol moyen. — Consistance moyenne. — Formation : terre déplacée , composée de marnes et de détritus calcaires, que la pluie amène des pentes latérales de la vallée.

67. Hauteville, le milieu de la vallée.

Terre de deuxième classe. — Culture en prés, céréales, pommes de terre, etc. — Production abondante. — Sol moyen. — Consistance moyenne. — Formation : diluvium sableux avec marnes et détritus calcaires.

68. St-Rambert, hameau de Vorage.

Terre de première classe. — Culture en céréales, trèfles, prés, pommes de terre, fèves, etc. — Production très-abondante. — Sol profond. — Consistance forte. — Formation : diluvium.

Cette terre est noire et contient une grande quantité d'humus.

69. St-Rambert, hameau de Javornod.

Terre de première et deuxième classe. — Culture en céréales, pommes de terre, etc. — Production abondante. — Sol moyen. — Consistance forte. — Formation : diluvium, mélangé de marnes du deuxième étage jurassique.

70. St-Rambert, territoire de Ringe.

Terre de deuxième classe. — Culture en vignes, céréales, prés, trèfles et pommes de terre. — Production assez abondante. — Sol moyen, consistance forte. — Formation : diluvium et marnes jurassiques.

71. St-Rambert, à la Vergente, en face de la fabrique, propriété de M. le docteur Martin.

Terre de deuxième classe. — Culture en vignes, donnant une forte végétation. — Production abondante. — Sol rare. — Consistance forte. — Formation : diluvium mélangé de marnes et calcaires désagrégés.

Le peu de terre végétale qu'on remarque dans ce terrain est répandu au milieu d'une grande quantité de pierres calcaires de toutes dimensions qui se sont détachées des rochers voisins. La vigne se plaît singulièrement dans cette nature de sol; sa végétation est des plus vigoureuses et elle produit considérablement.

72. St-Rambert, territoire de la Gadinière, propriété Debeney.

Terre de deuxième classe. — Culture en prés, vignes, céréales, etc. — Production abondante. — Sol moyen. — Consistance forte. — Formation : diluvium mélangé de marnes irisées.

73. St-Rambert, à la Gadinière, propriété Debeney, autre point.

Terre de deuxième classe. — Culture en prés, vignes, céréales, pommes de terre, etc. — Production abondante. — Sol moyen. — Consistance forte. — Formation : diluvium mélangé de marnes irisées.

74. St-Rambert, hameau de Javornod.

Terre de quatrième classe. — Culture en avoine, prés, pommes de terre, fèves, etc. — Production très-faible. — Sol profond. — Consistance forte. — Formation : marnes du deuxième étage jurassique en place.

75. St-Rambert, hameau de Blanat.

Terre de quatrième classe; terrain blanc semblable au nº 74. — Le sulfate de chaux provient de la réaction de l'acide sulfurique qui se forme à la suite de la décomposition des pyrites de fer qui sont très-abondantes dans la marne.

76. Argis, hameau de Reculafol.

Terre de quatrième classe. — Terrain blanc, en tout semblable au nº 74.

77. St-Rambert, à l'est du bois du Carré.

Terre de première classe. — Culture en céréales, prés, chanvre, pommes de terre, etc. — Production abondante. — Sol moyen. — Consistance moyenne. — Formation : alluvions modernes de la rivière. Sous-sol de gravier calcaire.

78. St-Rambert, même champ que le nº 77, près de la papeterie.

Terre de première classe. — Culture en céréales, prés, chanvre, pommes de terre, etc. — Production abondante. — Sol moyen. Consistance forte. — Formation : diluvium.

Quoique ce soit le même champ que le nº 77, le sol est ancien et n'a pas été remanié depuis le dépôt du diluvium.

79. St-Rambert, clos Beugnot.

Terre de première classe. — Culture en céréales, jardins potagers, chanvre, prés, etc. — Production abondante. — Sol profond. — Consistance forte. — Formation : dépôt moderne, mélangé de marnes, de diluvium et de fragments calcaires, amenés par les eaux de pluie.

80. St-Rambert, jardin de la fabrique.

Terre de première classe. — Culture en jardin potager. — Production très-abondante. — Sol très-profond. — Consistance forte. — Formation : terre provenant de déblais nouvellement transportés, mélangés de marnes, de diluvium et de fragments calcaires. Tous les produits de ce jardin sont remarquables par leur forte végétation.

81. Oncieux, verger de M. Dupuy.

Terre de deuxième classe. — Culture en prés et arbres fruitiers. — Production assez abondante. — Sol moyen. — Consistance forte· — Formation : diluvium.

82. Oncieux, sur le bord du plateau.

Terre de deuxième classe. — Culture en céréale, trèfles, prés, pommes de terre, etc. — Production moyenne. — Sol variable, en général peu profond. — Consistance forte. — Formation : diluvium souillé d'un peu de marne.

83. St-Rambert, hameau de Serrière, au pré du Golin.

Terre de première classe. — Culture en prés, jardins, céréales, chanvre, pommes de terre, etc. — Production très-abondante. — Sol moyen. — Sous-sol de gravier. — Consistance légère. — Formation : alluvions de l'Albarine, beaucoup de sable calcaire assez fin.

84. St-Rambert, hameau de Serrière, derrière chez Tenant.

Terre de première classe. — Culture en jardins, prés, céréales, pommes de terre, etc. — Production très-abondante. — Sol profond. — Consistance forte. — Formation : diluvium mélangé avec des détritus des roches calcaires qui dominent ce point.

85. St-Rambert, hameau de Serrière, à la Charmette.

Terre de deuxième classe. — Culture en céréales, pommes de terre et prés. — Production abondante. — Sol moyen. — Consistance forte. — Formation : diluvium avec quelques fragments de roches calcaires.

86. St-Rambert, hameau de Serrière, pré du château.

Terre de première classe. — Culture en prés, céréales, jardins et arbres fruitiers. — Production abondante. — Sol assez profond. — Consistance moyenne. — Formation : alluvions de la rivière.

87. Monferrand, jardin en entrant dans le village.

Terre de première classe. — Culture en jardins potagers. — Production abondante. — Sol moyen. — Consistance moyenne. — Formation : diluvium mélangé avec les alluvions de la rivière.

88. MONTFERRAND, jardin de la dernière maison au sud-ouest.

Terre de première classe. — Culture en jardins potagers. — Production abondante. — Sol moyen. — Consistance forte. — Formation : diluvium et détritus de roches calcaires.

89. MONTFERRAND, jardin.

Terre de première classe. — Culture en jardins potagers, vignes, etc. — Production abondante. — Sol profond. — Consistance forte. — Formation : diluvium.

Cette terre est placée sur un tertre isolé dans la plaine, circonstance qui a conservé le diluvium dans son état de pureté primitive ; la petite quantité de chaux a été introduite par les engrais.

90. MONTFERRAND, terre du moulin, à l'extrémité du chemin.

Terre de première classe. — Culture en céréales, prés, chanvre, etc. — Production abondante. — Sol moyen, rare sur quelques points. — Consistance légère. — Formation : alluvions de la rivière, diluvium et sables tertiaires.

91. MONTFERRAND, le bas de la terre du moulin.

Terre de première et deuxième classe. — Culture en céréales, prés, trèfle et pommes de terre. — Production moyenne. — Sol rare. — Consistance légère. — Formation : alluvions de la rivière, dans lesquelles il y a une grande quantité de cailloux roulés.

92. MONTFERRAND, hameau du Chauchet, près de la route.

Terre de première classe. — Culture en jardins, chanvre et blé. — Production très-abondante. — Sol profond. — Consistance moyenne-légère. — Formation : alluvions de la rivière en sable fin.

93. BELLEY, coteau de Melon.

Terre de première et deuxième classe. — Culture en céréales, vignes, prés, etc. — Production abondante. — Sol assez profond. — Consistance moyenne. — Formation : sables siliceux et calcaires des terrains tertiaires avec diluvium et fragments de roches alpines.

94. BELLEY, propriété de M. le sous-préfet.

Terre de deuxième classe. — Culture en jardins, prés, céréales, etc. — Production assez abondante. — Sol moyen. — Consistance moyenne. —Formation : détritus de roches calcaires, sables tertiaires avec fragments de roches alpines et diluvium.

95. BELLEY, au centre de la ville.

Terre de première et deuxième classe. — Culture en jardins, céréales, prés, vignes, etc. — Production abondante. — Sol moyen. — Consistance légère. — Formation : détritus de roches calcaires, sables tertiaires avec fragments de roches alpines et diluvium.

96. BELLEY, au levant de la ville, sur le coteau.

Terre de deuxième et troisième classe. — Culture en céréales, prés, vignes, etc. — Production moyenne. — Sol moyen. — Consistance moyenne. — Détritus de roches calcaires, sables tertiaires avec fragments de roches alpines, peu ou pas de diluvium.

Le diluvium en général est rare dans le bassin de Belley; cependant il existe en couches minces sur les plateaux élevés; on le trouve aussi en poches isolées dans les déchirures des terrains tertiaires : c'est ainsi qu'on le voit près de la route de Bons, sous la propriété du docteur Janin, où il est très-pur et entièrement dépourvu d'éléments calcaires.

97. BELLEY, coteau à droite de la route de Bons, au-dessus de la maison Janin.

Terre de deuxième et troisième classe. — Culture en vignes, céréales, prés, etc. — Production médiocre. — Sol moyen, rare sur quelques points. — Consistance légère. — Formation : sables tertiaires et détritus de roches calcaires.

98. PONT-DE-VAUX, environs de la ville; terrain léger et sablonneux.

Terre de première classe. — Culture en céréales, chanvre, colza, pommes de terre, prés, etc. — Production abondante. — Sol moyen. — Consistance très-légère. — Formation : alluvions de la Saône et sables tertiaires siliceux en grains moyens.

La production, quoique très-abondante, est en général de qualité médiocre, ce qui est dû à la trop grande légèreté du sol.

99. PONT-DE-VAUX, environs de la ville ; terrain blanc.

Terre de première classe. — Culture en céréales, trèfle, chanvre, pommes de terre, colza, etc. — Production très-abondante et de bonne qualité. — Sol moyen. — Consistance moyenne. — Formation : terrain tertiaire, sable siliceux avec une assez grande quantité d'oxide de fer en fragments rugueux, parfois très-gros.

100. Pont-de-Vaux, environs de la ville ; *terre mare* ou terre forte.

Terre de première classe. — Culture en céréales, trèfle, vignes, pommes de terre, colza, prés, etc. — Production très-abondante, de première qualité. — Sol profond. — Consistance moyenne, forte. — Formation : diluvium et dépôt tertiaire à l'état de sable très-fin mélangé d'oxide de fer rugueux.

101. Polliat, propriété de M. M.-A. Puvis ; *terre mare*.

Terre de première classe. — Culture en prés, céréales, trèfle, etc. Production abondante. — Sol moyen et souvent profond. — Consistance moyenne. — Formation : cette terre, que nous n'avons pas vue en place, offre les caractères du lehm lyonnais, mais elle est plus compacte.

102. Polliat, même propriété ; *terrain blanc sablonneux*.

Terre de première classe. — Culture en céréales, prés, trèfle, colza, etc. — Production abondante. — Sol moyen. — Consistance légère. — Formation : terrains tertiaires, sables siliceux gros et fins, mélangés.

103. Polliat, même propriété, *terre égrillon ;* sous-sol du terrain sablonneux.

Sable à gros grains, généralement régulier, fortement coloré en jaune par l'hydrate de fer ; il forme le sous-sol du terrain blanc sablonneux, et appartient comme lui à la formation tertiaire.

104. Bourg, territoire des granges Bonnet ; marne.

Marne d'un blanc jaunâtre en dépôts limités ou en poches isolées. On la rencontre de la sorte dans toute l'étendue de la formation tertiaire, non-seulement dans la Bresse, mais encore dans les départements du Rhône et de l'Isère.

Cette marne, fortement triturée, ne laisse après le lavage qu'un résidu de deux pour cent de sable siliceux jaunâtre très-fin.

105. Bourg, territoire des granges Bonnet ; *terrain blanc*.

Terre de quatrième classe. — Culture en céréales, prés, etc. —

Production faible. — Sol moyen. — Consistance très-forte. — Formation : dépôt tertiaire.

Cette terre est dans un état de division extrême, ce qui la rend imperméable à l'eau quoique la couche ne soit épaisse que de 30 à 40 centimètres. Le résidu, après lavage, ne laisse que quatre pour cent de dépôt composé de sable très-fin.

Voici une coupe du terrain prise dans le même lieu :

Terrain blanc grisâtre.	$0^m,30$	
Conglomérat ou gros gravier lié et durci par un ciment composé d'oxide de fer.	1	»
Sable fin, sans consistance.	1	30
Gravier fin	»	40
Marne d'un blanc jaunâtre.	»	35
Gravier, puissance indéterminée.	»	»
	3	35

106. Neyron, le haut du village, à la Tuilerie.

Terre de première classe. — Culture en céréales, prés, récoltes sarclées, etc. — Production abondante. — Sol moyen. — Consistance moyenne, forte. — Formation : diluvium et sables tertiaires, siliceux, assez fins.

107. Neyron, le haut du village, terre de Séveillant.

Terre de première classe. — Culture en céréales, pommes de terre, trèfle, prés, etc. — Production abondante. — Sol profond. — Consistance moyenne. — Formation : diluvium et sables tertiaires siliceux.

108. Reyrieux, près de la propriété de M. de St-Trivier.

Terre de première classe. — Culture en céréales, prés, trèfle, colza, pommes de terre, etc. — Production abondante. — Sol profond. — Consistance moyenne, forte. — Formation : lehm déplacé avec diluvium.

109. Condeyssiat, étang du moulin ; *terrain blanc.*

Terre de quatrième classe. — Culture en céréales, etc. — Production très-faible. — Sol moyen. — Consistance très-forte. — Formation : dépôt tertiaire, terrain blanc imperméable. Le résidu, après le lavage, n'est que de un pour cent.

110. Ambérieux-en-Bugey, à la Nitrière.

Terre de première classe. — Culture en céréales, vignes, prés, jardins, etc. — Production abondante. — Sol profond. — Consistance forte. — Formation : diluvium et marne provenant probablement du dépôt tertiaire lacustre qui abonde dans le voisinage.

111. VONAS ; *terre mare*.

Terre de première classe. — Culture en céréales, prés, colza, pommes de terre, etc. — Production abondante. — Sol profond. — Consistance forte. — Formation : tertiaire.

Nota. A la suite du tableau, on remarquera une série d'autres analyses dans lesquelles il n'a été tenu compte que des proportions relatives de carbonate de chaux; nous les donnons à titre de renseignements.

TABLEAU DES ANALYSES.

Nᵒˢ	NOM DE LA LOCALITÉ.	ALTITUDE.	CLASSE DE LA TERRE.	RÉSIDU APRÈS LAVAGE.	MATIÈRE INSOLUBLE DANS LES ACIDES.	OXIDE DE FER DISSOUS.	ALUMINE DISSOUTE.	CARBONATE DE CHAUX.	SUBSTANCES DIVERSES.
	TERRES DU DÉPARTEMENT DU RHONE.								
1	St-Denis-au-Mont-d'Or, hameau de la Rémillotte	250	1	98	81	2	4	45	
2	St-Cyr, sommet du Mont-Cindre	467	2-3	7	95	4	4	5	
3	Couzon, le milieu de la plaine	190	2	95	85	4	»	10	
4	Curis, aux Avoraux	340	1	43	96	2	8	1	
5	Poleymieux, au-dessus des Places	450	2	21	97	2	6	11	
6	Limonest, derrière le château de la Bardière	550	1-2	29	84	2	»	48	
7	St-Cyr, sommet du Mont-Cindre	460	1	»	30	6	6	4	
8	Chazay-d'Azergue, les Rivières, sous le château de Gage	240	1	55	96	2	6	»	
9	Chazay-d'Azergue, au Nas, sur le plateau	220	3	64	97	2	2	55	Mag. » 9.
10	Charnay, au Bourg	400	2	40	62	4	6	4	
11	Charnay, au Bourg, partie inférieure	480	1	36	92	6	8	1	
12	Lacsanne, balme du Moulin	200	1	40	95	4	6	11	Mᵈᵉ traces.
13	La Croix-Rousse, clos Molin	250	1	52	94	5	»	1	
14	Cuire, au Grand-Air	255	1	44	95	4	8	42	
15	Ecully, au Randin	250	1	34	82	2	8	8	
16	Ecully, à la Charrière blanche	280	1	43	97	2	»	6	Mᵈᵉ traces.
17	Ecully, les Plaines	500	1	44	95	2	»	4	
18	Dardilly, les Mouilles	510	1-2	50	96	2	4	4	
19	Dardilly, le Bourg	520	2	66	95	2	4	»	Mᵈᵉ traces.
20	Dardilly, les Charlières	533	2	96	96	2	4	4	
21	Dardilly, les Hautes-Bruyères	300	2	53	95	5	8	2	

Nᵒˢ	NOM DE LA LOCALITÉ.	ALTITUDE.	CLASSE DE LA TERRE.	RÉSIDU APRÈS LAVAGE.	MATIÈRE INSOLUBLE DANS LES ACIDES.	OXIDE DE FER DISSOUS.	ALUMINE DISSOUTE.	CARBONATE DE CHAUX.	SUBSTANCES DIVERSES.
22	Ecully, aux Ganteries	280	2	27	» 94	» 4	» 1	» 1	Mᵈᵉ traces.
23	Petit-Ste-Foy, Grange-Bruyère	270	2-3	29	» 95	2 5	6 1	» »	
24	Francheville, chemin creux, côté de Lyon	240	»	»	» 91	4 2	4 »	8 5	4
25	Francheville, chemin creux, côté de Lyon	240	»	»	» 93	» 2	» »	4 2	6
26	Francheville, plaine du château	270	1-2	33	» 96	4 2	» »	4 1	2
27	Francheville, la Renarde, sous le château de Ruolz .	270	1	37	» 94	6 2	6 »	4 2	4
28	Brindas, aux Landes	500	2	69	» 96	» 5	2 »	8	» »	Mᵈᵉ traces.
29	Chaponost, au Meillon	525	2	73	» 93	» 5	8 »	6 »	6	Mᵈᵉ traces.
30	Chaponost, vers l'aqueduc	510	1	70	» 97	2 2	2 »	6 »	4
31	Soucieux, en Garon, sous la Gerle	230	1	72	» 96	» 2	8 »	8 »	4
32	Ste-Foy, territoire de Mont-Rey	280	1-2	38	» 97	» 1	4 »	6 1	»
33	Ste-Foy, sur la route de Lyon, près du fort	310	1	29	» 94	2 2	6 »	2 3	5
34	Ste-Foy, territoire de la Dame, le bas	283	1	34	» 89	8 2	4 »	6 7	2
35	Ste-Foy, territoire de la Dame, le haut	300	1	21	» 96	2 2	8 »	8 »	2
36	St-Rambert (Ile-Barbe), à Montessuy	215	1	26	» 90	2 2	2 1	2 G	4
37	St-Rambert (Ile-Barbe), derrière le Trève	190	1	52	» 85	4 2	3 »	8	11 5
38	St-Rambert (Ile-Barbe), à Montpelat	230	1	37	» 94	8 2	4 »	6	2 2
39	St-Rambert (Ile-Barbe), derrière la maison Vaucher . . .	235	1	35	» 74	1 2	5 »	9	23 5
40	St-Rambert (Ile-Barbe), chemin des Grandes-Balmes . .	200	»	32	» 81	1 2	6 1	4	13 2
41	St-Rambert (Ile-Barbe), chemin des Grandes-Balmes, sous le cimetière .	200	»	9	» 95	4 3	2 1	»	4	Mᵈᵉ traces.
42	St-Rambert (Ile-Barbe), la Sauvagère, le haut du clos . . .	230	1	41	» 92	» 4	» »	6	17 2
43	St-Rambert (Ile-Barbe), la Sauvagère, le bas du clos	210	1	45	» 91	2 2	7 »	6 5	5
44	Collonges, aux Charbottes	200	1	38	» 78	9 2	8 »	8	17 5
45	Collonges, plaine au-dessus de la propriété Petelin . . .	210	1	34	» 83	8 2	6 »	9	12 7
46	Collonges, au Trève-Pâques	185	1	52	» 87	5 3	2 1	»	8 5
47	Collonges, les Varennes, près de la Pelonière	180	1	54	» 96	2 2	6 1	2	» »
48	Collonges, les Varennes, le milieu de la plaine	175	1	58	» 95	2 2	6 »	2	» 2
49	Collonges, au-dessous du pré St-Martin	175	1	64	» 95	8 3	2 »	8	» 2
50	Lyon, à St-Georges, jardin de la Ferlatière . . .	175	1	55	» 75	8 2	7 1	2	20 5
51	La Guillotière, aux Brotteaux, près du cours Lafayette . .	169	1	56	» 67	2 5	4 1	»	23 4
52	Villeurbanne, terre de l'Herbette	180	1	32	» 96	5 2	8 »	7	» 2
53	St-Denis-de-Bron, sous le bois	200	1	42	» 93	2 3	2 1	1	» 5
54	Limonest, la Roussillère ; lehm durci	400	» »	»	» 56	6 1	5 »	9	61 »
55	St-Cyr, au Mont-Cindre ; diluvium	467	» »	11	» 94	6 4	2 1	»	» 2

TERRES DU DÉPARTEMENT DE L'AIN.

56	St-Rambert, au col de Luisandre	750	2	12	» 94	8 3	7 1	»	» 5	
57	St-Rambert, hameau de la Roche	700	2	8	» 95	2 5	2 1	5	» 1	Mᵈᵉ » 2.
58	Evoges, au Pian, le milieu de la vallée	850	2	25	» 93	2 4	6 1	2 1	»	
59	Evoges, au Terment, la sommité du rocher	920	2-3	6	» 95	6 4	7 »	8 »	9	Mᵈᵉ traces.
60	Les Fesses-St-Jérôme, à la Combe	800	5	15	» 95	7 3	5 »	8 »	»	
61	Montgriffon ; terre non amendée	780	5-4	30	» 94	8 4	2 1	»	» 1	
62	Montgriffon ; terre amendée	780	2	28	» 94	2 5	6 4	2	» 5	S. C. » 5.
63	St-Rambert, hameau de la Roche ; terrain blanc . . .	700	4	6	» 50	2 9	4 1	»	43 5	Mag. traces.
64	Hauteville, le milieu de la vallée, partie élevée . . .	820	2	17	» 94	9 3	2 »	9	1 »	
65	Hauteville, vallée du Velli	1004	3-4	10	» 93	5 5	5 1	2	» 1	
66	Cormaranche, le milieu de la vallée	800	2	15	» 57	6 5	1 »	8	58 5	
67	Hauteville, le milieu de la plaine	800	2	32	» 73	8 2	8 1	»	22 »	
68	St-Rambert, hameau de Vorage	500	1	13	» 93	5 5	2 1	»	» 5	
69	St-Rambert, hameau de Javornod	450	1-2	46	» 95	6 2	9 1	»	2 3	
70	St-Rambert, à Ringe	400	2	12	» 89	6 3	5 1	1	6 »	
71	St-Rambert, la Vigne-Vergente	350	2	23	» 74	2 2	6 »	7	22 5	
72	St-Rambert, à la Gadinière	380	2	15	» 90	» 2	7 »	8	» 5	Mag. traces.
73	St-Rambert, à la Gadinière	380	2	10	» 87	7 5	2 »	6	8 5	Mag. » 2.
74	St-Rambert, hameau de Javornod ; terrain blanc . . .	450	4	4	» 44	5 5	2 1	»	34 5	Mag. traces.
75	St-Rambert, hameau de Blanat ; terrain blanc . . .	525	4	5	» 50	8 5	5 »	9	43 »	S.C. et M.tr.
76	Argis, hameau de Reculafol ; terrain blanc . . .	500	4	5	» 55	5 5	» »	1 1	40 5	Mag. traces.
77	St-Rambert, à l'est du bois du Carré . . .	313	1	42	» 56	9 5	4 1	2	38 5	
78	St-Rambert, même champ, près de la papeterie . . .	316	1	18	» 94	7 5	» »	8	1 5	
79	St-Rambert, jardin Beugnot	305	1	22	» 56	2 2	2 »	6	41 »	
80	St-Rambert, jardin de la fabrique . . .	305	1	18	» 46	9 5	4 1	»	49 »	
81	Oncieux, verger de M. Dupuy	463	2	44	» 95	6 5	2 »	7	» 5	
82	Oncieux, sur le bord du plateau	465	2	10	» 94	1 5	4 1	»	1 5	
83	St-Rambert, hameau de Serrière, au pré du Golin . . .	288	1	72	» 42	7 2	8 1	»	55 5	
84	St-Rambert, hameau de Serrière, derrière chez Tenant . .	290	1	24	» 90	4 3	5 »	8	5 5	
85	St-Rambert, hameau de Serrière, la Charmette . . .	310	2	12	» 94	4 3	5 1	1	1 »	
86	St-Rambert, hameau de Serrière, pré du château . . .	290	1	38	» 86	5 2	8 »	9	10 »	
87	Montferrand, jardin en entrant dans le village . . .	285	1	29	» 89	9 2	5 »	6	16 2	
88	Montferrand, jardin de la dernière maison à l'ouest . . .	290	1	22	» 92	9 5	2 »	4	5 5	
89	Montferrand, jardin au tertre	300	1	15	» 95	5 4	4 1	»	» 5	
90	Montferrand, terre du Moulin, à l'extrémité du chemin . .	282	1	55	» 79	7 2	9 »	9	46 5	
91	Montferrand, le bas de la terre du Moulin	280	1-2	63	» 58	6 3	1 »	8	37 5	
92	Montferrand, hameau du Chauchet, près de la route . .	280	1	43	» 48	» 5	2 »	8	48 »	
93	Belley, coteau de Melon	320	1-2	40	» 80	4 2	4 1	»	16 2	
94	Belley, propriété de M. Lavigne	280	1	58	» 61	8 4	2 1	8	30 2	
95	Belley, centre de la ville	280	1-2	55	» 68	5 5	» 1	»	25 5	

Nos	NOM DE LA LOCALITÉ.	ALTITUDE.	CLASSE DE LA TERRE.	RÉSIDU APRÈS LAVAGE.	MATIÈRE INSOLUBLE DANS LES ACIDES.	OXIDE DE FER DISSOUS,	ALKINYE DISSOUTE,	CARBONATE DE CHAUX.	SUBSTANCES DIVERSES.
96	BELLEY, au levant de la ville, sur les coteaux	510	2-5	40	64	1 4	6 8	6 55	
97	BELLEY, au-dessus de la maison Janin.	530	2-5	56	87	2 2	8 2	2 9	
98	PONT-DE-VAUX, environs de la ville; terrain léger, sablonneux.	190	1	86	98	4 1	2 2	» »	Mse traces.
99	PONT-DE-VAUX, environs de la ville; terrain blanc	190	1	55	96	5 5	5 3	6 »	
100	PONT-DE-VAUX, environs de la ville; terre mare	190	1	27	95	7 5	4 4	4 5	
101	POLLIAT; terre mare.	250	1	54	81	8 5	9 4	1 44	
102	POLLIAT; terrain blanc, sablonneux.	250	x	65	98	5 4	2 2	» »	Mse traces.
103	POLLIAT; terre égrillon	250	x	75	98	8 4	4 9	2 »	
104	BOURG, granges Bonnet; marne.	245	4	2	55	2 4	5 4	4 6	
105	BOURG, granges Bonnet; terrain blanc	245	1	4	94	6 5	9 1	2 42	Mag. » 1.
106	BOURG, granges Bonnet; terrain blanc	245	1	98	92	5 4	4 4	2 »	
107	NEYRON, territoire de la Thuilière	280	1	4	94	4 5	1 1	2 6	
108	NEYRON, territoire de Séveillant	280	1	55	94	5 4	8 4	2 4	
109	REYRIEUX, près du château de St-Trivier	260	4	26	89	4 2	» 1	» 21	
110	COURDESSAT, étang du moulin.	245	4	1	95	2 4	4 4	4 4	
111	AMBÉRIEUX-EN-BUGEY, la Nivière	260	1	8	74	4 8	1 1	2 2	
114	VONAS; terre mare.	210	1	45	75	8 5	2 2	2 18	

ABRÉVIATIONS.

Mse . . . . . *Peroxide de manganèse.*

Mag . . . . . *Carbonate de magnésie.*

S. C. . . . . *Sulfate de chaux.*

ANALYSES

DANS LESQUELLES IL N'A ÉTÉ TENU COMPTE QUE DES PROPORTIONS
RELATIVES DE CARBONATE DE CHAUX.

NOM DE LA LOCALITÉ.	ALTITUDE.	MATIÈRES INSOLUBLES ET AUTRES	CARBONATE DE CHAUX.
Evoces, au Plan.	850	99 1	» 9
Oncieux, le plateau à l'est	465	97 »	3 »
St-Rambert, le sommet du mont Luisandre.	800	99 7	» 3
St-Rambert, hameau de la Roche, près de la route.	700	100 »	» »
St-Rambert, hameau de la Gadinière.	580	98 »	2 »
St-Rambert, hameau de la Gadinière, autre point.	585	97 »	3 »
La Coux, sommet du rocher	900	100 »	» »
Les Fesses-St-Jérôme, terre du bois de cent pas	800	100 »	» »
Les Fesses-St-Jérôme, le champ de lupin, au midi.	800	99 6	» 4
Les Fesses-St-Jérôme, aux Grobes, fossé du puits	800	99 8	» 2
Hauteville, vallée du Velli	1004	99 8	» 2
Hauteville, vallée du Velli; huit échantillons différents ont donné.	1004	100 »	» »
Loyes (les Balmes de), terre des Caunes.	250	76 »	24 »
Loyes id. terre des Balmes.	250	79 »	21 »
Loyes id. terre de Poyeux	250	99 8	» 2
Loyes id. terre des Caves	250	97 »	3 »
Neyron, terre de la Dame.	280	99 8	» 2
Neyron, terre de Boissieu	280	99 9	» 1
Neyron, terre d'Epinette	500	99 9	» 1
Neyron, terre du plantier Revol.	280	100 »	» 1
Neyron, terre des Mouettes.	280	99 9	» »
Neyron, terre des Ronsières.	280	99 5	» 5

(Extrait des *Annales de la Société royale d'agriculture, histoire
naturelle et arts utiles de Lyon.*)

www.ingramcontent.com/pod-product-compliance
Lightning Source LLC
Chambersburg PA
CBHW050538210326
41520CB00012B/2622